Mirko Tomasini

Das Leitwolf Training

Ulmer

Worum es geht

Führung

6 Sind Sie der Leitwolf Ihres Hundes?
8   Kennzeichen eines Leitwolfs
9   Ein Leitwolf werden

10 Das Leitwolf-Konzept
11 Führung
12 Spiel
13 Teamwork

14 So nutzen Sie dieses Buch

18 Führung ohne Worte
18 Was ist Führung?
19 Die fünf Wahrnehmungsbereiche
20 Raum und Bewegungsfreiheit
22 Rollenverteilung
24 Körperhaltung
26 Glaubwürdigkeit
28 Aufmerksamkeit

29 Fazit Führung

30 Übungen Führung
30 Hinten laufen
32 Hin und weg
34 Grenze setzen
36 Raum nehmen
38 Liegeplatz

Spiel

42 **Bedeutung von Spiel**

43 **Die Bedingungen für Spiel**
43 Das Spielumfeld
44 Ein verlässlicher Spielpartner
45 Die wichtigsten Spielregeln
45 Das Spiel von Mensch und Hund
46 Körperaktives Spiel ohne Hilfsmittel
46 Der richtige Einsatz von Spielzeug
48 Zerrspiele
50 Futter als Spielmotivator
52 Wenn Ihr Hund nicht spielen möchte
54 Wenn Ihr Hund Futter verschmäht
55 Wenn Ihr Hund sich nicht für Spielbeute interessiert

55 **Fazit Spiel**

56 **Übungen Spiel**
56 Spiel ohne Hilfsmittel
58 Spiel „Jäger und Gejagter"
59 Raufspiel am Boden
60 Einsatz von Spielzeug
62 Einsatz von Futter
64 Polizei
66 Platz von vorne
68 Mitte-Seite
70 Platz an der Seite

Teamwork

74 **Bedeutung von Teamwork**
74 Das gehört zum Teamwork

76 **Vom Spiel zum Teamwork**

78 **Das Teamziel aus Sicht des Hundes**

80 **Teamwork Apportierarbeit**

81 **Fazit Teamwork**

82 **Übungen Teamwork**
82 Interesse wecken
83 Gedanken zum Lernverhalten eines Hundes
84 Kommandos richtig aufbauen
86 Der erste Apport
88 Steadiness – die Ruhe vor dem Apport
90 Kleiner Exkurs in die Lerntheorie
90 Die Suche eines Dummys

92 **Wie es weitergeht ...**

94 **Service**

Worum es geht

Sind Sie der Leitwolf Ihres Hundes?

Betrachten Sie einmal in Gedanken Ihre Beziehung zu Ihrem Hund oder Ihren Hunden: Orientiert sich Ihr Hund an Ihnen? Scheint es manchmal, als würde er Ihre Gedanken lesen – und verstehen? Erlauben Sie ihm häufiger, zu tun, was er tun darf, statt ihm zu verbieten, was er nicht tun soll? Erwarten Sie von Ihrem Hund auch Ruhephasen, ohne gleich ein schlechtes Gewissen zu haben?

Wenn Sie auf mehrere dieser Fragen mit Ja antworten, dann darf ich Ihnen gratulieren: Sie leben mit Ihrem Hund in einer harmonischen Beziehung, in der sich beide Partner wohl fühlen. Nicht zuletzt, weil Sie als Leitfigur die Fäden in der Hand halten.

Haben Sie mehrere Fragen mit Nein beantwortet? Läuft es bei Ihnen und Ihrem Hund nicht ganz so rund, und gibt es die eine oder andere „Baustelle", an der Sie noch zu arbeiten haben? Das kann die Leinenführigkeit sein oder der fehlende Gehorsam im Freilauf. Lassen Sie Ihren Hund gar nicht frei laufen, weil Sie Angst haben, er könnte fortlaufen oder jagen gehen?

Hunde mit einem gesunden Selbstbewusstsein gehen ruhiger und entspannter durchs Leben.

Den Leitwolf erkennen

Egal wie Sie geantwortet haben: Sie haben jetzt schon von diesem Buch profitiert. Nicht etwa, weil ich Ihnen erklärt hätte, was Sie verändern müssen oder was schon prima läuft. Ihr Nutzen hat mit mir gar nichts zu tun. Sie haben sich Ihr Verhältnis zu Ihrem Hund bewusst gemacht, indem Sie über meine Frage nachgedacht haben. Sie haben Ihren Alltag mit Ihrem Hund unter die Lupe genommen, um zu erfahren, ob Sie von Ihrem Hund als Leitfigur anerkannt werden. Doch: Woran erkenne ich eigentlich, dass ich der „Leitwolf" meines Hundes bin? Und: Woran erkenne ich, dass ich es nicht bin?

Ob Sie nun ein Problem mit dem Verhalten Ihres Hundes haben oder nicht, die Antworten auf alle Ihre Fragen, die Sie als Hundehalter beschäftigen, tragen Sie schon in sich. Sie müssen lediglich Ihre Beobachtungsgabe schulen. Dann lernen Sie sich selbst in der Rolle des weisen Anführers kennen, der auf jede Frage eine Antwort hat.

Sie müssen wieder lernen, Ihren Hund zu beobachten ohne sein Verhalten zu bewerten. Finden Sie heraus, worin der Unterschied liegt. Wie klingt es, wenn Sie beobachten? Wie, wenn Sie bewerten? Zeigt ein Hund einem anderen die

Beziehung
Die Qualität einer Mensch-Hund-Beziehung erkennen Sie an der Balance zwischen Distanz und Nähe. Dafür sind nicht Sie allein verantwortlich. Mensch und Hund tragen zu gleichen Teilen zum Gelingen der Beziehung bei.

Trainertipp

Trainieren Sie erst Ihre Beobachtungsgabe, bevor Sie sich vornehmen, das Verhalten Ihres Hundes zu ändern.

Zähne, gilt er als aggressiv. Klemmt ein Hund die Rute ein, dann hat er Angst. Wedelt er mit der Rute, dann freut er sich. Jede dieser vermeintlichen Beschreibungen von Hundeverhalten ist eine Interpretation und hat mit dem Verhalten selbst nichts mehr zu tun. Ganz nebenbei lernen Sie, sich selbst zu beobachten statt zu bewerten.

Ich möchte Ihnen die Art und Weise vermitteln, in der Sie beobachten und in der Sie Ihrem Hund Ihre Antwort mitteilen. Das sollten Sie in seiner Sprache tun, denn unsere Sprache versteht er nur sehr eingeschränkt.

Ich behaupte, dass Ihr Hund Sie nur dann als Leitfigur anerkennt, wenn Sie im Alltag beinahe ohne Kommandos auskommen. Je weniger Kommandos Sie benötigen, desto besser ist die Beziehung zu Ihrem Hund. Wie komme ich zu dieser Behauptung? Dazu stellen Sie sich bitte selbst einmal die Frage, was einen Leitwolf auszeichnet. Woran erkennen Sie ihn? Was unterscheidet den Leitwolf von den anderen Mitgliedern des Rudels?

Kennzeichen eines Leitwolfs

Die Antwort auf die Frage nach den Kennzeichen eines Leitwolfs verblüfft Sie vielleicht: Der Leitwolf ist einfach nur da. Seine Präsenz reicht den anderen Mitgliedern des Rudels, um sich an ihm zu orientieren. Seine Position in der Gemeinschaft wird anerkannt, seine Rolle wird respektiert, niemand stellt seine Entscheidungen in Frage.

Als Leitwolf Ihres Hundes laufen Sie durch den Park oder den Wald, und Ihr Hund folgt Ihnen – ohne Leine, ohne Futter, ohne Spielzeug. Sie benötigen keine Kommandos, um ihn zu führen, denn der Hund schenkt Ihnen freiwillig seine Aufmerksamkeit. Er **will** Ihnen folgen. Andere Hunde und Menschen nimmt er zwar wahr, vielleicht kommt es auch zu einem kurzen Kontakt. Da Sie jedoch einfach weitergehen, beendet Ihr Hund das Zusammentreffen von sich aus und folgt Ihnen. Wie fühlt sich das an? Ihr Spaziergang sieht jetzt schon so aus? Dann legen Sie das Buch getrost zur Seite und genießen Sie die Stunden mit Ihrem Hund im Wald. Sie träumen noch von Spaziergängen wie diesen? Lesen Sie einfach weiter, vielleicht bringen Sie die nächsten Seiten Ihrem Wunsch näher.

Ein entspannter Spaziergung durch den Wald. Wenn Sie der Leitwolf Ihres Hundes sind, orientiert er sich freiwillig an Ihnen – auch ohne Belohnung.

Um den Teilnehmern meiner Trainings die Leitwolf-Rolle zu veranschaulichen, erzähle ich gerne diesen Vergleich: Wenn Sie schon mal eine Kolonne aus mehreren Fahrzeugen angeführt haben, weil Sie sich auskannten, dann ist Ihnen aufgefallen, dass niemand Sie überholt hat. Keiner fuhr geradeaus, wenn Sie abgebogen sind. Alle schienen Ihrer Ortskenntnis zu vertrauen. Für die Fahrer, die Ihnen gefolgt sind, war das die bequemste Art, ans Ziel zu kommen, oder? In dieser Situation waren Sie der Leitwolf der Gruppe.

Ein Leitwolf werden

Der Leitwolf scheint etwas an sich zu haben, das andere beeindruckt. Bei einem Menschen sprechen wir von seiner Ausstrahlung, seinem Charisma. Bei Hunden fragen wir weniger danach, was ein Leitwolf macht, um Leitwolf zu sein, als vielmehr wer und was er ist.

Ein Leitwolf – egal ob Mann oder Frau, Mensch oder Hund – ist sich seiner eigenen Aufgabe bewusst. Er ist präsent und weiß, dass er anerkannt wird. Sind Sie der Leitwolf Ihres Hundes, dann orientiert sich Ihr Hund freiwillig an Ihnen. Er will dafür keine Belohnung in Form von Futter oder Ähnlichem haben. Er sucht Orientierung und Führung in Ihnen, nicht im Futter. Indem Sie Ihre Rolle ausfüllen, garantieren Sie für seine Sicherheit. Das ist die Aufgabe des Leitwolfs.

Gemeinsame Sprache

Begegnen Sie Ihrem Hund in der Haltung eines Leitwolfs – und er wird Sie akzeptieren. Der Kommunikation zwischen Ihnen und Ihrem Vierbeiner kommt hierbei die größte Bedeutung zu. Ein respektvoller Austausch ist nur dann möglich, wenn beide Partner die gleiche Sprache sprechen. Da Ihr Hund sich in seiner eigenen Sprache mitteilt, liegt es an Ihnen, seine Signale richtig zu verstehen, bevor Sie ihm „antworten". Haben Sie ihn verstanden, dann teilen Sie sich ihm ohne Worte mit. Setzen Sie Ihre Körpersprache ein. Das ist leichter als Sie glauben und sichert Ihnen die volle Aufmerksamkeit Ihres Hundes. Ihr Hund versteht sofort, was Sie von ihm wollen, wenn Sie sich ihm in seiner Sprache mitteilen. Sobald Sie sich bewusst sind, was Sie Ihrem Hund nur über die Haltung Ihres Körpers signalisieren können, nimmt Ihr Hund Sie als Leitfigur ernst. Weil Sie es zum ersten Mal wirklich sind. Im Kapitel Führung ab Seite 16 zeige ich Ihnen, wie Sie sprachfrei mit Ihrem Hund kommunizieren können.

Gehen Sie in sich

Beobachten Sie einen Tag lang die Kommunikation mit Ihrem Hund. Wie häufig müssen Sie Ihren Hund mit einem Kommando korrigieren? Vermeiden Sie am nächsten Tag, mit Ihrem Hund zu reden. Fällt Ihnen eine Veränderung auf? Wie verhält sich Ihr Hund, und wie fühlen Sie sich?

Das Leitwolf-Konzept

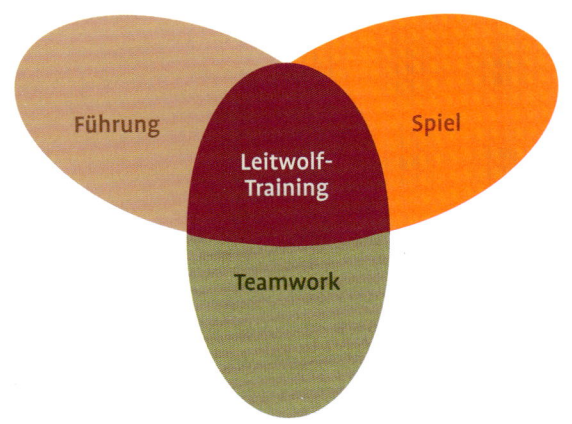

Drei Bereiche sind entscheidend für Ihre Beziehung zu Ihrem Hund: Führung, Spiel und Teamwork. Diese drei Bereiche beinhalten alle Aspekte des Miteinanders, mit denen Sie und Ihr Hund im Alltag sowie im Training konfrontiert sind. Zwar unterscheiden sich die drei Bereiche zum Teil erheblich in den Kernaussagen, jedoch beeinflussen sie sich auch gegenseitig. So, wie wir sonnige Tage nur genießen können, weil wir Regentage kennen, kann es in einer Beziehung zwischen Mensch und Hund echtes Spiel nur geben, wenn die Balance durch Führung gegeben ist. Umgekehrt dürfen sich die drei Bereiche aber auch nicht in die Quere kommen. Sie sollen sich ergänzen. Am Ende ist die Summe der einzelnen Teile mehr als das Ganze.

Das Leitwolf-Konzept als Routenplaner

Das Leitwolf-Konzept vermittelt in den drei Bereichen Führung, Spiel und Teamwork die Grundlagen für einen harmonischen Alltag mit Ihrem Hund. Es ist ein Modell, das offen ist für Ergänzungen und individuelle Anpassungen. Ein Modell ist immer nur der Versuch, die Wirklichkeit zu erklären. Es ist nicht die Wirklichkeit! Nutzen Sie das Leitwolf-Konzept als einen Routenplaner. Es kann Ihnen und Ihrem Hund den Weg zu einer ausgewogenen Beziehung weisen, in der beide Partner auf ihre Kosten kommen.

In meinem Training nehme ich gerne dieses Bild, um die Funktion des Leitwolf-Konzepts plastisch zu machen: Ein Navigationsgerät sucht erst den Kontakt zu einem Satelliten, bevor es die Route berechnen kann. Das Leitwolf-Modell ist Ihr Satellit. Es hilft Ihnen dabei, Ihren Standort zu bestimmen, Ihre „Route" zu planen und ans Ziel zu navigieren.

Gehen Sie in sich

Der Leitwolf hat immer Kontakt zum Satelliten und weiß den Weg. Kennen Sie Ihre Position?

Das Leineziehen gehört zu den Problemen, mit denen immer wieder Hundehalter in mein Training kommen, wie auch der Halter von Gismo, einem Schäferhund-Mix. Wie die anderen habe ich auch ihn aufgefordert, seine Haltung zu überprüfen. Verblüfft stellte er fest, welche Auswirkungen das hat. Eine veränderte Körperhaltung in Verbindung mit einem dynamischen, entschlossenen Auftreten genügte, um das Problem zu lösen. Leinenführigkeit ist eben keine Frage des Trainings, sondern eine Frage der Einstellung.

Führung

Hunde brauchen eine soziale Ordnung. Im Miteinander von Mensch und Hund müssen Sie die Regeln aufstellen und die Grenzen ziehen. Ihr Hund erwartet das förmlich von Ihnen. Das Bedürfnis des Hundes nach Führung und Orientierung zu befriedigen ist die wichtigste Aufgabe eines Hundehalters. Alles andere basiert darauf. Hunde fordern von uns, dass wir ihnen diese Orientierung geben. Dazu gehören das Aufstellen von Regeln und die Bereitschaft des Leitwolfs, Regelverstöße zu sanktionieren. Strafe oder Sanktionen haben dabei nichts mit Gewalt zu tun. Sie sind nötig, um das soziale Gefüge stabil zu halten.

Wenn einer unserer Mitmenschen gegen die soziale Ordnung verstößt, dann haben wir überhaupt kein Problem damit, nach einer angemessenen Strafe zu verlangen. Im Zusammenleben mit Hunden soll es aber möglich sein, vollkommen ohne Sanktionen auszukommen. Die Frage muss lauten: „Wie kann ich denn strafen, wenn es nötig wird?" Die Antwort finden Sie im Verhalten des Hundes selbst. Wenn Ihnen bewusst ist, welche Bedeutung Bewegungsfreiraum aus Sicht des Hundes hat, dann ist die Einschränkung des Freiraums eine starke Sanktion.

Kennzeichen von Führung
Wie Sie führen und ob Ihr Hund Sie als Leitwolf akzeptiert, hängt von verschiedenen Faktoren ab, die Sie im Kapitel zur Führung ab Seite 16 kennen lernen:
> Von Ihrer Körperhaltung und dem, was Sie damit ausdrücken,
> von Ihrer inneren Haltung, also Ihren Überzeugungen, Einstellungen und Gedanken,
> von Ihrer Rolle und davon, wie Sie diese ausfüllen,
> von Ihrer Bereitschaft, Grenzen zu setzen,
> von der Aufmerksamkeit, mit der Sie und Ihr Hund sich begegnen,
> von der Zahl an Kommandos, die Sie benötigen, um Ihren Hund zu kontrollieren.

Gehen Sie in sich
Beobachten Sie sich selbst im Alltag. Mit welcher Körperhaltung begegnen Sie Ihrem Hund? Können Sie Unterschiede in der Reaktion des Hundes feststellen, wenn Sie Ihre Haltung verändern? Wie denken Sie über sich und wie über Ihren Hund, wenn Sie bewusst Grenzen setzen?

Spiel

Tiere, die in sozialen Gemeinschaften leben, wollen spielen. Sie müssen dies sogar, da sie im Spiel einen großen Teil ihrer sozialen Kompetenz erwerben. Was liegt also näher, als der Spielpartner Ihres Hundes zu werden? Auf den ersten Blick werden Sie glauben zu wissen, was Spiel ist und wie Sie mit Ihrem Vierbeiner spielen können. Nur weil Ihr Hund Sie anhimmelt, sobald Sie seinen Ball aus der Tasche holen, bedeutet das noch nicht, dass Sie sein Spielpartner sind. Genauso muss die Rauferei am Boden nicht automatisch ein Sozialspiel sein, nur weil es wild und ausgelassen ist. Erinnern Sie sich an den Unterschied zwischen Beschreibung und Bewertung von Verhalten? Im Spiel kann jede Bewegung Ihres Hundes eine Mitteilung sein, die Sie übersetzen müssen. Im Kapitel Spiel ab Seite 40 werden Sie lernen, Spiel noch bewusster zu gestalten. Spiel ist zwar frei und ausgelassen, es unterliegt jedoch ein paar Regeln, die Sie kennen sollten.

Kennzeichen von Spiel

> Ihre Körperhaltung, die Spiel signalisiert,
> die innere Spielhaltung, also die Bereitschaft zu spielen,
> Bewegungen, die eindeutig Spiel bedeuten,
> die Aufgabe von Grenzen,
> die veränderte Aufmerksamkeit von Mensch und Hund,
> die übertriebenen Bewegungsabläufe und schmutzige Hosen und Jacken.

Gehen Sie in sich

Wie spielen Sie mit Ihrem Hund? Spielt Ihr Hund mit Ihnen? Benötigen Sie ein Spielzeug, um das Spiel in Gang zu bringen oder genügt eine kleine Körpergeste, um Ihren Vierbeiner zu motivieren? Wie lange können Sie ohne Hilfsmittel spielen?

Eine tiefe Körperhaltung signalisiert dem Hund Ihre Spielbereitschaft.

Teamwork

Hunde haben Freude am Lernen und an der gemeinsamen Arbeit mit ihren Menschen. Unsere Aufgabe besteht darin, die Motivation des Hundes zu fördern sowie mit Sachverstand und viel Bauchgefühl die einzelnen Trainingsschritte zu gestalten. Nur so ist Lernen möglich.

In diesem Buch stelle ich Ihnen Teamwork am Beispiel der Apportierarbeit vor. Es gibt jedoch viele Möglichkeiten, mit Ihrem Hund im Team zu arbeiten: Rettungshundearbeit, Agility oder Turnierhundesport sind nur drei Beispiele. Egal für welche Form der Teamarbeit Sie sich entscheiden, eines bleibt immer gleich: Die Motivation für Teamwork entsteht im Spiel. Deshalb zeige ich Ihnen im Kapitel Teamwork ab Seite 72, wie Sie den Übergang von Spiel zu Teamwork gestalten können und zugleich die Motivation des Hundes aufrecht erhalten. Auch das Trainieren von Kommandos gehört zum Teamwork. Mit dem Unterschied, dass der Hund das Kommando ausführen will statt muss. Ein Signal wird so zur Orientierung und ist kein Befehl mehr.

Kennzeichen von Teamwork
> ruhige Konzentration und Aufmerksamkeit bei Mensch und Hund,
> die Vorfreude des Hundes auf die nächste Aufgabe,
> eine entspannte Körperhaltung des Menschen,
> leise Signale des Hundehalters an den Hund,
> eine schnelle Reaktion des Hundes auf die Signale seines Menschen,
> eigenständige Arbeit des Hundes, die wenig bis keine Korrekturen braucht.

Hohe Aufmerksamkeit und Spielmotivation des Hundes sind Voraussetzungen für die gemeinsame Arbeit.

Gehen Sie in sich
Finden Sie Hinweise im Alltag, die Ihnen zeigen, ob Sie und Ihr Hund ein Team sind. Achten Sie auf die Zahl der Kommandos, die Sie Ihrem Hund geben. Wie schnell reagiert er auf Ihre Signale? Welches sind die stärksten Ablenkungen im Alltag?

So nutzen Sie dieses Buch

Das Leitwolf-Modell ist ein ganzheitliches Denkmodell. Alle Teile stehen miteinander in Beziehung. Sie offenbaren ihren Sinn oft erst, wenn sie im Zusammenhang gesehen werden. Daher möchte ich Ihnen vor allem eines ermöglichen: sich der Zusammenhänge bewusst zu werden.

Lesen Sie das Buch deshalb erst einmal vollständig durch, bevor Sie einzelne Tipps und Anleitungen auswählen und ausprobieren. Lernen Sie alle drei Bereiche des Leitwolf-Konzepts kennen – so können Sie am besten beurteilen, an welcher Stelle Sie ansetzen.

Wenn Sie sich und Ihren Hund in den Beispielen wiedererkennen, dann haben Sie so etwas wie eine Bestandsaufnahme Ihrer Mensch-Hund-Beziehung. Lassen Sie die Eindrücke und Erkenntnisse auf sich wirken und geben Sie Veränderungen Zeit.

Dem eigenen Gefühl vertrauen

Der wichtigste Gradmesser für die Entwicklung ist Ihr Hund. Beobachten Sie ihn und schulen Sie erst Ihre Wahrnehmung, bevor Sie handeln. Nutzen Sie die Bilder und Erläuterungen in den folgenden Kapiteln, um Ihren Standpunkt und Ihre Überzeugungen zu überprüfen. Machen Sie sich bewusst, worauf genau Sie reagieren und was Sie damit bezwecken. Sind Sie dann noch überzeugt, dass Sie das Richtige tun – handeln Sie!

Sie brauchen keine Vorkenntnisse, um die Übungen umzusetzen, im Gegenteil: Wenn Sie ganz unbedarft sind, fällt es Ihnen leicht, neue Erfahrungen zu machen. Nebenbei verstehen Sie auch Ihren Hund besser als zuvor.

Trainertipp

Wann immer Sie ein Bauchgefühl haben, vertrauen Sie ihm! Auch dann, wenn Ihr Verstand Ihnen etwas anderes einreden will.

Sie erhalten viele Erklärungen für Alltagsprobleme, Ideen und Tipps für die Praxis. Ein Ratgeber hat jedoch auch Grenzen. Bei ernsteren Problemen ersetzt er nie das individuelle Training von Ihnen und Ihrem Hund mit einem professionellen Hundetrainer. Zwar ist das sogenannte Problemverhalten in den meisten Fällen eine natürliche Reaktion des Hundes auf seine Lebensumstände, also keineswegs therapiebedürftig. Trotzdem gebe ich keine Ratschläge aus der Ferne, wenn Ihr Hund Menschen, Artgenossen oder gar Sie selbst angreift oder angegriffen hat. In diesem Fall genügen Tipps aus einem Buch nicht mehr. Sie können sogar sehr gefährlich sein. Das gleiche gilt für Hunde mit einer tiefsitzenden Angst oder einem Trauma. Kontaktieren Sie einen Trainer vor Ort, holen Sie sich gegebenenfalls eine zweite Meinung ein.

Gehen Sie in sich

Kommunikation kennt kein „falsch" oder „richtig". Lösen Sie sich von Ihren eigenen Erwartungen, und bleiben Sie offen für das Feedback Ihres Hundes. Sie müssen mit seinem Feedback nicht einverstanden sein, sollten es aber als Teil der Kommunikation sehen.

Führung

Führung ohne Worte

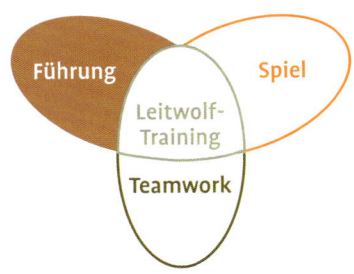

Stellen Sie sich folgende Situation vor: Sie gehen mit Ihrem Hund ohne Leine spazieren und benötigen während des gesamten Weges kein einziges Kommando, um ihn zu kontrollieren. Unmöglich? Keineswegs! Denn einen Hund zu führen, heißt, seinen Bewegungsspielraum zu kontrollieren. Bewegungsfreiheit ist ein Privileg, das einem Hund zeitweise auch einmal entzogen werden darf. Ihre Anwesenheit ist für Ihren Vierbeiner wichtiger als das Kommando, das er ausführen soll. Die sprachfreie Kommunikation ermöglicht es Ihnen, den Hund ohne Worte zu führen. Je weniger Kommandos Sie benötigen, desto besser ist die Beziehung zwischen Ihnen und dem Hund.

Was ist Führung?

Viele Hundehalter glauben, dass der Gehorsam ihres Hundes automatisch ein Zeichen für ihre Führungsrolle sei. Tatsächlich jedoch meint Führung mehr als das Befolgen eines Kommandos. Das liegt daran, dass Ihr Hund ein anderes Verständnis von Respekt und Ordnung besitzt als Sie.

Sie können das mit unserer Straßenverkehrsordnung vergleichen. In der Fahrschule haben Sie gelernt, an einem Stoppschild zu halten. Wenn Sie heute auf ein Stoppschild zufahren, dann halten Sie. Der eigentliche Grund dafür ist aber nicht das Schild. Sie halten, weil Sie den Sinn des Schildes verstanden haben und wissen, welche Folgen es haben könnte, wenn Sie weiterfahren würden. So ähnlich versteht der Hund Ihre Führung. Ihm ist klar, welche

Rolle
In einer sozialen Gruppe geht es weniger um Rangordnung als vielmehr um die Rollen- und Aufgabenverteilung. Zu Ihrer Rolle in der Mensch-Hund-Beziehung gehören Rechte und Pflichten, z. B. die Pflicht, Entscheidungen zu treffen, auf die sich Ihr Hund verlassen kann.

Folgen es hätte, würde er Ihnen nicht folgen. Sie müssen ihm also nicht ausdrücklich sagen, dass Sie ihn führen.

Authentisch führen

Ob Sie Ihren Hund authentisch führen, erkennen Sie vor allem daran, ob Sie wenige bis keine Worte brauchen, um ihn zu kontrollieren. Wenn Sie jetzt glauben, Sie könnten einfach nur die Worte weglassen und schon nähme Ihr Hund Sie in der Leitwolfrolle ernst, dann haben Sie einen wichtigen Schritt ausgelassen: Ihnen muss erst bewusst werden, woran Sie selbst und Ihr Vierbeiner erkennen, dass Sie der Leitwolf sind.

Fazit: Führung ist mehr als ein Kommando, das der Hund befolgt.

Die fünf Wahrnehmungsbereiche

Ihrer Wahrnehmung kommt für die Rolle des Leitwolfs besondere Bedeutung zu. Deshalb ist genaues Beobachten wichtiger als das Befolgen von Trainingsschritten. Sie müssen lernen, sich selbst bewusst wahrzunehmen. Gleichzeitig müssen Sie das Umfeld und Ihren Hund in Ihre Beobachtung mit einbeziehen. Die folgenden fünf Fragen helfen Ihnen dabei und bieten Ihnen auch im Alltag mit Ihrem Hund eine gute Orientierungshilfe. Konzentrieren Sie sich während eines Spaziergangs jeweils auf eine Frage und halten Sie anschließend Ihre Gedanken schriftlich fest.

> Welche Bedeutung messen Sie der Bewegungsfreiheit des Hundes bei?
> Welche Rolle weisen Sie sich selbst und Ihrem Hund zu?
> Was vermittelt Ihre Körperhaltung, wie reagiert Ihr Hund darauf?
> Wie steht es um Ihre Glaubwürdigkeit? Nehmen Sie sich selbst wichtig genug?
> Wie viel Aufmerksamkeit schenken Sie Ihrem Hund, wie viel bekommen Sie von ihm zurück?

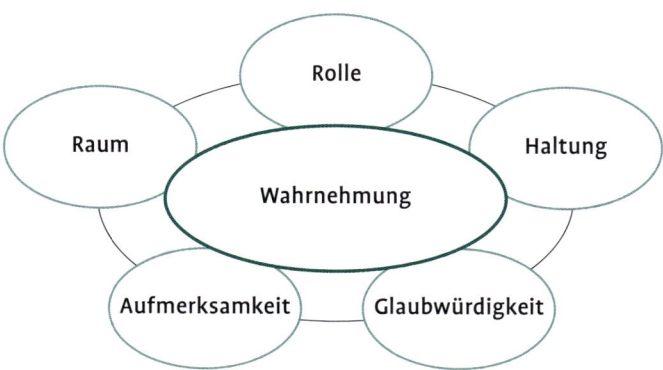

Raum und Bewegungsfreiheit

Einen Hund führen, heißt immer, ihn in seiner Bewegungsfreiheit einzuschränken. Wenn Sie Ihren Hund wirklich führen wollen, dann müssen **Sie** den Raum kontrollieren, in dem er sich bewegt, nicht Ihr Hund. Denn Raum ist in seiner Welt eine der wichtigsten Ressourcen. Das Recht auf freien Zugang zu Raum ist eines der größten Privilegien. Behandeln Sie Bewegungsspielraum wie ein kostbares Geschenk, und Sie kommunizieren auf einer Ebene mit Ihrem Hund.

Orientierung und Begrenzung

Hunde bewegen sich gerne und viel. Es liegt an Ihnen, diesen Drang des Hundes zu befriedigen. Sie können Ihrem Hund Beschäftigung anbieten, mit ihm spielen oder einfach spazieren gehen. Über dem Bewegungsdrang steht jedoch noch ein weitaus größeres Bedürfnis: das nach Orientierung und Grenzen. Bewegungsfreiheit ohne Orientierung am Menschen ist wie Fallschirmspringen ohne Fallschirm.

Sicherheit und Grenzen

Fehlen dem Hund Grenzen, reagiert er auch auf Kommandos sehr unzuverlässig. Freilauf ohne Grenzen wird damit zu einem Risiko für den Hund und seine Umwelt. Wenn ein Hund unkontrolliert auf andere Menschen zuläuft, Jogger und Radfahrer hetzt, im Wald stöbert

Eine Schleppleine gibt Mensch und Hund den nötigen Spielraum für Kommunikation.

Bevor die Hündin am linken Bein der Halterin vorbei läuft, dreht diese sich in einer Kreisbewegung zu ihr um ...

... und begrenzt so deren Bewegungsspielraum. Als wäre es nie anders gewesen ...

Eine Hundehalterin kam zu mir, weil sie mit ihrem Australian Shepherd-Rüden große Probleme hatte, wenn Besuch kam. Er war kaum zu beruhigen, wenn Menschen die Wohnung betraten. Zuletzt tolerierte er auch keine Passanten mehr, die ihm auf der Straße entgegen kamen. Im Café konnte sich die Bedienung dem Tisch nur bis auf drei Meter nähern; andere Cafébesucher durften nicht aufstehen, ohne dass der Hund eingriff. Der Alltag von Mensch und Hund wurde durch das Verhalten des Hundes immer stärker eingeschränkt.

Hütehunde wie der Australian Shepherd haben ein feines Gespür für Raum und Ordnung. Das macht sie ja für die Arbeit mit einer Schafherde so wertvoll. Im Fall des jungen Rüden hat die Halterin ihrem Hund unbewusst die Kontrolle über ihren eigenen Lebensraum übertragen. Das Problem was also der Bewegungsspielraum des Hundes und die daran gebundene Verantwortung. Indem sie die Kontrolle des Bewegungsspielraumes übernahm, konnte sie nach weniger als zwei Stunden den Hund ohne Anzeichen von Aggression an fremde Menschen heranführen.

und Wildtieren nachstellt, dann ist das Ausdruck von fehlender Führung durch den Menschen. Geben Sie Ihrem Hund Sicherheit und Orientierung durch

Trainertipp

Der Wunsch nach Führung durch und Orientierung am Menschen ist Hunden ein größeres Bedürfnis als der Drang nach Freilauf.

Grenzen statt ein Kommando für den Rückruf zu trainieren. Verschaffen Sie sich selbst und Ihrer eigenen Präsenz mehr Bedeutung, und fordern Sie auch Respekt ein.

Die praktischen Übungen ab Seite 30 geben Ihnen eine Vorstellung davon, wie sprachfreie Führung aussieht und wie Hunde darauf reagieren.

Gehen Sie in sich

Fallen Ihnen Bereiche Ihres Lebens ein, in denen Sie verunsichert sind, weil Ihnen Grenzen fehlen? Wie fühlen Sie sich in diesen Situationen? Was tun Sie, um die fehlende Sicherheit auszugleichen? Ziehen Sie die Parallele zum Verhalten Ihres Hundes.

... läuft die Hündin nun ruhig schräg hinter ihrer Halterin. An der Leine ziehen war gestern!

Rollenverteilung

Die Verhaltensforscherin Dorit Feddersen-Petersen hat einmal gesagt: „Hunde benötigen die Sicherheit einer ihnen zugewiesenen Rolle, die ihnen Grenzen setzt – und Freiräume ermöglicht." Grenzen und Freiräume geben also Sicherheit. Darüber hinaus können Sie Ihrem Hund nur dann eine Rolle zuweisen, wenn Sie sich selbst eine Rolle im Zusammenleben mit Ihrem Vierbeiner geben.

Wenn Sie glauben, mit Gehorsamkeitstraining und ein bisschen Leinenführigkeit könnten Sie Ihrem Hund beweisen, dass Sie ein verlässlicher Leitwolf sind, dann unterschätzen Sie ihn. Vielleicht unterschätzen Sie auch sich selbst. Ist Ihnen bewusst, dass Ihr Hund mehr von Ihnen fordert als Streicheleinheiten oder ein Leckerchen, wenn er etwas gut gemacht hat? Sind Sie bereit Sanktionen zu verhängen, wenn er Grenzen missachtet oder gegen Regeln verstoßen hat? Trauen Sie sich die Rolle des Leitwolfes zu?

Ihre Pflichten

Verdeutlichen möchte ich die Bedeutung der Rolle an einem Beispiel: In einem Bus gibt es einen Platz für den

Ein Hund, der seine Grenzen kennt, kann überall ohne Leine laufen.

In einem Vortrag habe ich einmal erklärt, dass der Rollentausch ein wesentliches Element von Spiel sei. Daraufhin warf eine Zuhörerin ein: „Um eine Rolle zu tauschen, muss ich ja erst einmal eine Rolle im Leben meines Hundes spielen." Wie wahr! Diese Rolle definieren Sie aber keinesfalls im Spiel, sondern in der Führung des Hundes. Dann können Sie diese im Spiel auch wechseln.

Busfahrer und die Plätze für die Fahrgäste. Den Platz am Steuer darf nur einer einnehmen – der Busfahrer selbst. Alle anderen machen es sich auf den übrigen Plätzen bequem und haben die Verantwortung an den Fahrer abgegeben. Stellen Sie sich vor, der Busfahrer stünde während der Fahrt auf und liefe durch den Bus. Für einen kurzen Moment käme Panik auf. Einer der Fahrgäste würde vermutlich auf den Fahrersitz springen, auch dann, wenn er noch nie vorher einen Bus gefahren hat. Zum Bremsen und Lenken würde es wohl reichen. Was meinen Sie, wie die anderen Fahrgäste auf das Verhalten des Busfahrers reagieren? Wenn Sie selbst unter den Fahrgästen wären – würden Sie diesem Fahrer später noch vertrauen?

Ihre Verantwortung

Ein Busfahrer, dem seine Rolle und die damit verbundene Verantwortung klar ist, würde sich nie so verhalten. Er weiß, was seine Aufgabe ist. Bei wem liegt also die Verantwortung: beim Busfahrer oder bei den Fahrgästen? Und wer fährt Ihren „Beziehungs-Bus": Sie oder Ihr Hund?

Während es ein Privileg ist, den Bewegungsspielraum eines anderen einzuschränken, bedeutet das Zuweisen einer Rolle eher die Übernahme von Verantwortung. Das eine – Raum einnehmen – ist Ihr Recht; das andere – die Rolle des Busfahrers ausfüllen – ist Ihre Pflicht.

Sanktion

Hat Ihr Hund Ihre Grenze missachtet, besteht die wirkungsvollste Reaktion darin, ihn anschließend auf Distanz zu halten. Wenn Sie Abstand einfordern, machen Sie von Ihrem Recht auf Respekt Gebrauch. Ihr Hund wird dann alles daran setzen, Ihnen wieder näher kommen zu dürfen. Die Belohnung für Respekt ist dann die Nähe selbst.

Gehen Sie in sich

Welche Bedeutung geben Sie Ihrem Hund? Können Sie sich vorstellen, dass er mit der Rolle, die Sie ihm zuschreiben, überfordert ist? Überlegen Sie, ob sich ein Teil Ihrer Probleme im Alltag lösen würde, wenn Sie Ihren Hund entlasten.

Fazit: Eine klare Rollenverteilung bedeutet aus Sicht Ihres Hundes auch eine Verteilung der Verantwortung. Sie weisen die Rollen zu. Wenn Sie die Rolle des Busfahrers übernehmen, dann kann Ihr Hund die Verantwortung abgeben und sich entspannen.

Körperhaltung

Ihr Hund erkennt Ihre Rolle an Ihrer Körperhaltung. Ihre Körpersprache ist für ihn das wichtigste Kommunikationsmittel, Ihre verbalen Äußerungen spielen für ihn eine untergeordnete Rolle. Wenn Sie sich das Recht nehmen, Ihren Hund in seiner Bewegungsfreiheit einzuschränken, dann müssen Sie das mit einer entsprechenden Körperhaltung tun. Wenn Sie die folgenden Kriterien erfüllen, wird er Sie sofort verstehen:
> Nehmen Sie eine aufrechte Haltung ein.
> Strecken Sie dafür Ihren Rücken durch.
> Halten Sie die Schultern gerade und nehmen Sie diese leicht zurück.
> Strecken Sie die Brust etwas nach vorne.
> Bewegen Sie sich mit dynamischen, sicheren Schritten.

> Richten Sie Ihren Blick geradeaus auf den Horizont.

Geben Sie Ihrer Körpersprache Bedeutung. Dann benötigen Sie keine Sprache mehr, um Ihren Hund zu führen. Ihre Haltung ist für ihn Grund genug, Ihnen zu vertrauen und zu folgen. Seien Sie präsent.

Sprachfrei kommunizieren

Sie **können** nicht nur sprachfrei mit Ihrem Hund kommunizieren, sie **müssen** es sogar. Im Hinblick auf Führung gibt es hierzu keine Alternative. Je mehr Kommandos Sie einsetzen müssen, um Ihren Hund zu kontrollieren, desto weniger souverän erscheinen Sie aus seiner Perspektive in Ihrer Leitwolf-Rolle. Verzichten Sie auf Hör- und Sichtzeichen, setzen Sie stattdessen

Alleine durch Ihre Körperhaltung und Ihre Bewegung …

Ihren Körper bewusster ein. Achten Sie aber bitte darauf, dass Sie weder Ihren Hund noch andere gefährden, wenn Sie in dieser Phase noch ein wenig experimentieren!

Ich beobachte im Training regelmäßig, wie schnell sich eine Veränderung in der Körperhaltung auf das Verhalten der Vierbeiner auswirkt. Alleine durch einen aufrechten Gang mit dem Blick nach vorne statt auf den Hund überlassen viele Vierbeiner ihren Menschen den Vortritt und reihen sich neben oder hinter ihnen ein.

Achten Sie im Alltag mal darauf, welche Veränderungen Sie an Ihrem Hund wahrnehmen, wenn Sie sich bewusst anders verhalten als üblich.

Spiegel der inneren Haltung

Es ist kein Geheimnis mehr, dass auch wir Menschen durch unsere Körpersprache eine Menge über uns verraten. Ihre Körperhaltung ist ein Spiegel Ihrer inneren Haltung. Das entgeht unseren Hun-

Trainertipp

Hören Sie auf, Ihren Hund mit Geräuschen oder Ihrer Stimme aufmerksam zu machen. Auf lange Sicht erreichen Sie damit genau das Gegenteil.

den nicht. Wenn Sie jedoch nur äußerlich auftreten wie ein Leitwolf, innerlich aber zweifeln und sich Ihrer Rolle nicht sicher sind, dann ist Ihr Hund der Erste, der das bemerkt.

Fazit: Ihre Körperhaltung ist Ihr effektivstes Kommunikationswerkzeug. Lernen Sie, es bewusst einzusetzen. Achten Sie dabei auch auf Ihre innere Haltung.

… ergreifen Sie vom Raum Besitz und erlangen so den Respekt Ihres Hundes.

Glaubwürdigkeit

Mit den neuen Eindrücken melden sich vielleicht auch Zweifel an. Das ist normal und wichtig. Stellen Sie sich Ihren Zweifeln und beantworten Sie die folgenden Fragen gewissenhaft. Von Ihrer Überzeugung hängt Ihre Glaubwürdigkeit ab, und diese bildet die Grundlage für die Beziehung zu Ihrem Hund.

Der Retriever schenkt seiner Halterin die volle Aufmerksamkeit. Er vertraut Ihrer Entscheidung, die Dummys liegen zu lassen.

„Will ich sprachfrei mit meinem Hund kommunizieren?"
Um diese Frage positiv beantworten zu können, sollte die neue Art der Führung für Sie und Ihren Hund Vorteile bieten. Erkennen Sie diese? Formulieren Sie diese ruhig einmal schriftlich.

„Kann ich meinen Hund überhaupt sprachfrei führen?"
Es liegt an Ihnen, Ihre Körpersprache zu schulen und damit neue Erfahrungen zu sammeln. Sie können sogar körperliche Einschränkungen mit einer aufrechten inneren Haltung kompensieren. Sogar Ihr Timing beginnt mit Ihrem Denken. Spielen Sie mit Ihrer Körperhaltung. Nehmen Sie sich selbst wahr. Beobachten Sie die Reaktionen Ihres Hundes: Was können Sie erkennen?

„Muss ich sprachfrei mit meinem Hund kommunizieren, um ihn zu führen?"
Wenn Ihr Hund Ihre Kommandos missachtet, dann bleibt Ihnen wohl nichts anderes übrig. Wenn Ihr Hund dagegen im Alltag keine Probleme hat, trotz großer Ablenkung sicher abrufbar ist und vor oder hinter Ihnen in ständigem Kontakt mit Ihnen steht – bleiben Sie bei dem, was Sie haben! Verändern Sie bitte nichts, wenn keine Notwendigkeit besteht. Andernfalls gefährden Sie die Ordnung, die Sie sich auf Ihre Art aufgebaut haben!

Wenn Sie trotzdem die sprachfreie Kommunikation mit Ihrem Hund ausprobieren möchten, dann verändern Sie erst mal nur eine Kleinigkeit. Vielleicht beginnen Sie auch mit Elementen aus dem Kapitel Spiel ab Seite 40 und setzen dann Führungselemente spielerisch ein.

Druck und Entspannung
Druck und Entspannung treten immer als Paar auf. Sie bauen Druck auf, indem Sie Raum einnehmen. Das verschafft Ihnen die Aufmerksamkeit Ihres Hundes. Sie lösen den Druck und sorgen für Entspannung, wenn Sie den Raum wieder zur Verfügung stellen. Das sichert Ihnen die Reaktion Ihres Vierbeiners.

„Darf ich so mit meinem Hund kommunizieren?"
Sprachfrei kommunizieren heißt auch, Druck auszuüben. Das ist an sich nicht schlimm für den Hund, weil er das aus dem Umgang mit seinen Artgenossen kennt. Das größte Hindernis sind wahrscheinlich Sie selbst.

Gehen Sie in sich
Wie oft denken Sie mit einem schlechten Gewissen an Ihren Hund? Wie oft fragen Sie sich, ob es Ihrem Hund gut geht? Gegenfrage: Wie oft fragen Sie sich ehrlich, ob es Ihnen selbst gut geht? Wenn Sie die Frage nach dem „Darf ich das?" über ein normales Maß hinaus beschäftigt, nehmen Sie Ihren Hund wichtiger als sich selbst. Das ist nicht, was Ihr Hund von Ihnen erwartet. Er braucht Sie in Ihrer Rolle des Leitwolfs, der sich um sich und die Gruppe kümmert.

Fazit: Ihr Hund schenkt Ihren Überzeugungen mehr Glauben als dem Trainingssystem, mit dem Sie arbeiten.

Aufmerksamkeit

Alle guten Trainer verfolgen ein Ziel: einen aufmerksamen Hund. Die Qualität einer Beziehung wird an der Aufmerksamkeit deutlich, die die Partner sich beimessen. Aufmerksamkeit ist die Grundlage für die Bereitschaft zur Kommunikation – das gilt für den Hund genauso wie für den Menschen.

Im Leitwolf-Konzept unterscheide ich in den drei Bereichen Führung, Spiel und Teamwork zwischen drei Formen der Aufmerksamkeit. Sie hängen in erster Linie von der jeweiligen Rolle ab, in der sich der Hund gerade befindet. Im Bereich der Führung weisen Sie Ihrem Hund die Rolle desjenigen zu, der geführt wird.

Aufmerksamkeit
Damit ist mehr als der direkte Blickkontakt zwischen Mensch und Hund gemeint. Der Begriff der Achtsamkeit trifft es genauer, denn er beinhaltet sowohl gegenseitigen Respekt als auch gegenseitiges Vertrauen.

Die Aufmerksamkeit eines Hundes, der geführt wird, ist:
> defensiv und zurückhaltend,
> dem Menschen respektvoll zugewandt,
> auf den Menschen ausgerichtet, ohne dass dieser ihn dazu auffordern muss.

Mehr Aufmerksamkeit ist kaum noch möglich ...

Die Aufmerksamkeit eines Menschen, der seinen Hund führt, ist:
> auf sich selbst konzentriert,
> nach vorne gerichtet, nicht auf den Hund,
> zentriert; er kümmert sich kaum um das, was der Hund tut.

Haben Sie sich angewöhnt, nach Ihrem Hund zu schauen? Vermutlich wollen Sie ihn im Blick haben, damit Sie rechtzeitig eingreifen können? Das ist nicht die anzustrebende Aufmerksamkeit im Sinne einer Führung, die auf einer ausgewogenen Beziehung basiert. Der permanente (Blick-)Kontakt, den Sie zu Ihrem Hund aufbauen und aufrecht halten, signalisiert Ihrem Hund, dass Sie sich auf ihn verlassen, während er seinen Job macht. Damit drängen Sie Ihren Hund in die Rolle desjenigen, der Verantwortung trägt, ohne dass es Ihnen bewusst ist.

Trainertipp

Verzichten Sie auf Belohnungen, wenn Sie führen. Die Ruhe und der Respekt des Hundes wären sonst schnell wieder zerstört.

Gehen Sie in sich

Denken Sie über folgenden Satz nach: Ihre wichtigste Aufgabe ist es, nichts zu tun. Das ist das Beste, was Sie als Leitwolf Ihres Hundes tun können.

Fazit: Der Leitwolf wird von den anderen der Gruppe beachtet. Er selbst beachtet die anderen nur dann, wenn es nötig ist.

Fazit Führung

Wenn Sie führen, folgt Ihnen Ihr Hund. Die dahinter liegende Haltung hat Konsequenzen. Ihr Hund hat Sie im Blick. Er findet in Ihnen Orientierung und ist die Verantwortung wieder los, die er ohnehin nie haben wollte.

Wenn Sie bisher ein Verhalten Ihres Hundes bewertet haben und es Ungehorsam, Sturheit oder gar Dominanz nannten, dann fragen Sie sich in Zukunft, was sein Verhalten mit Ihnen zu tun hat. Ihr Hund zeigt mit seinem Verhalten immer, was Sie ihm vorher übertragen haben. Aus dieser Perspektive erscheint Fehlverhalten des Hundes als das, was es tatsächlich ist: Als fehlendes Verhalten des Menschen.

Jede Form der Aufmerksamkeit, die Sie Ihrem Hund schenken, kann von ihm als Zeichen der Zuneigung verstanden werden. Dazu zählt übrigens auch die Nähe zu Ihnen, die Sie ihm entweder gestatten oder untersagen können. Indem Sie die Distanz vergrößern, können Sie sich Respekt verschaffen. Den Zeitpunkt für Nähe bestimmen Sie. So wird es für den Hund zu einer Belohnung, sich in Ihrer Nähe aufhalten zu dürfen. Sie brauchen keine Belohnung oder Motivationshilfe mehr in Form von Futter oder Lob. Sie sind die Motivation für Aufmerksamkeit und die Belohnung in einer Person. Sie sind der Leitwolf, und Ihr Hund braucht Sie.

Übung
Hinten laufen

Ziel der Übung
Sie kontrollieren den Raum und damit den Hund in seiner Bewegungsfreiheit. Das ist die Grundlage für das Gehen an lockerer Leine.

Übungsanleitung
Schritt 1: Führen Sie Ihren Hund an einer Schleppleine von mindestens fünf, besser zehn Metern Länge. Wählen Sie für das Training einen Feld- oder Waldweg, der an den Seiten begrenzt ist.
Schritt 2: Ihr Hund sollte sich ein paar Meter hinter Ihnen befinden. Lassen Sie ihn entweder schnüffeln oder werfen Sie ein paar Futterstücke hinter sich. Sobald er sich zurückfallen lässt, gehen Sie zügig weiter.
Schritt 3: Wenn Ihr Hund Ihnen folgt und zu Ihnen aufschließen will, lassen Sie ihn bis auf höchstens drei Meter herankommen. Dann drehen Sie sich dynamisch zu ihm um und gehen in aufrechter Körperhaltung auf ihn zu. Er sollte daraufhin deutlich langsamer werden, im Idealfall stoppen und Ihnen mit respektvoller Aufmerksamkeit begegnen.
Schritt 4: Haben Sie den Respekt Ihres Hundes auf diese Weise erhalten, drehen Sie sich wieder in die eingangs eingeschlagene Richtung und marschieren Sie in der Körperhaltung

Mein Hund hatte den Kontakt zu mir abreißen lassen und nähert sich mir jetzt in hohem Tempo.

Mit einer dynamischen Körperbewegung halte ich meinen Hund auf Distanz ...

Übungen

der Führung voran. Halten Sie den Abstand zu Ihrem Hund aufrecht, indem Sie ihn nach wenigen Schritten noch einmal daran „erinnern", hinten zu laufen.

Schritt 5: Lassen Sie Ihren Hund langsam wieder näher kommen, aber ohne ihn – verbal – zu loben. Ihr Ziel ist es, seinen Respekt vor Ihrer Präsenz auch in der Bewegung aufrechtzuhalten. Jedes Lob könnte von ihm als Aufforderung verstanden werden, wieder voran zu laufen.

Bedeutung im Alltag

Wenn Sie sich selbst das Recht zugestehen, über die Verteilung von Bewegungsfreiraum zu entscheiden, dann akzeptiert Ihr Hund Sie umgehend als Leitwolf. Damit wird jedes Leinenführigkeitstraining überflüssig. Falls Sie Ihren Hund noch nicht ohne Leine laufen lassen können oder wollen, dann ist diese Übung der erste Schritt dorthin. Die Grenze schafft also langfristig Freiraum. Im Alltag sieht es häufig so aus, dass dem Hund erst ein großer Freiraum zugebilligt wird, dann wird das Abrufen trainiert. Im Sinne der Führung ist das sehr ungünstig und für den Hund verwirrend. Wer gibt schon gerne ein Privileg wieder auf?

Warnung

Achten Sie unbedingt auf ausreichend Raum zwischen sich und Ihrem Hund, wenn Sie den Freiraum des Hundes auf diese Weise begrenzen. Halten Sie die Distanz lieber ein wenig länger aufrecht. Dann fällt es Ihrem Hund leichter, zu verstehen, was Sie von ihm wollen.

... und zwinge ihn dazu, abrupt stehen zu bleiben.

Das Demutsgesicht des Hundes signalisiert mir, dass er verstanden hat. Ich löse danach den Druck und gehe weiter meines Weges.

Führung

Übung
Hin und weg

Ziel der Übung
Sie lernen, die Aufmerksamkeit Ihres Hundes aktiv einzufordern, indem Sie auf ihn zugehen. Dadurch verleihen Sie Ihrer Präsenz Bedeutung.

Übungsanleitung
Schritt 1: Führen Sie Ihren Hund an einer Schleppleine von zehn Metern Länge. Nutzen Sie während des Spaziergangs einen Moment, in dem Ihr Hund sich ablenken lässt. Die Ablenkung sollte nicht zu stark sein.
Schritt 2: Bewegen Sie sich dynamisch, mit aufrechtem Gang auf Ihren Hund zu. Sobald der Hund Sie wahrnimmt und aufmerkt, stoppen Sie die Bewegung. Gehen Sie rückwärts in die Richtung zurück, aus der Sie gekommen sind. Folgt Ihr Hund nicht, wiederholen Sie die Bewegung auf ihn zu, diesmal allerdings noch bestimmter als beim ersten Mal.
Schritt 3: Jetzt ist Ihre Wahrnehmung und Flexibilität gefragt. Die Reaktion des Hundes auf Ihre Annäherung bestimmt das weitere Vorgehen. Entscheidet er sich gegen die Ablenkung und macht Anstalten, Ihnen zu folgen, dürfen Sie keinen Druck mehr auf ihn ausüben. Im Gegenteil – nutzen Sie seine Motivation, indem Sie sich deutlich entfernen. Zeigt Ihr Hund allerdings keinerlei Reaktion

Ich fordere Fannis Aufmerksamkeit ein, indem ich mich ihr nähere.

Sie nimmt meine Präsenz wahr und zollt mir Respekt, indem sie den Körper absenkt und ein Demutsgesicht zeigt.

Übungen

auf Ihre Annäherung, dann dürfen Sie deutlicher werden, beispielsweise indem Sie ihm Raum nehmen. Drängen Sie ihn mit einer Körperbewegung in die Richtung, in die Sie gehen wollen. Spätestens auf diese Einschränkung muss er reagieren.

Schritt 4: Kombinieren Sie jetzt das „Hinten laufen" mit dem „Hin und weg". Führen Sie Ihren Hund, der nun hinter Ihnen läuft. Lassen Sie die Leine locker, so dass er auch mal schnüffeln kann. Nutzen Sie dies erneut, um ein weiteres Mal seine Aufmerksamkeit einzufordern.

Achten Sie auf Ihr Timing und auf die Körpersprache Ihres Hundes. Wenn er sich vor Ihnen duckt, dann zollt er Ihnen Respekt. Verwechseln Sie das nicht mit Angst oder Unsicherheit!

Bedeutung im Alltag

Mit dem Bewusstsein, Ihren Hund ausschließlich über Ihre Präsenz führen zu können, werden Sie sich selbst in Ihrer Rolle anders wahrnehmen. Sie werden sicherer, weil Ihre Anwesenheit eine neue Bedeutung bekommt. Gleichzeitig wird Ihr Hund immer weniger Freiraum für sich beanspruchen und sich mehr in Ihrer Nähe aufhalten.

Warnung

Verwechseln Sie dieses Kommunikationsmittel bitte nicht mit einer Erziehungsmaßnahme. Ihr Hund reagiert zwar immer schneller und feiner auf Ihre Signale – das heißt jedoch nicht, dass Sie irgendwann komplett darauf verzichten können. Wir sprechen über Kommunikation, und die findet auch morgen wieder statt.

Das genügt mir. Ich entferne mich von meiner Hündin, ...

... die mir daraufhin wie selbstverständlich folgt. Es bedarf keines Signals und keines Kommandos.

Übung
Grenze setzen

Ziel der Übung
Sie lernen, Ihren Körper einzusetzen, um dem Hund eine Grenze zu setzen.

Übungsanleitung
Schritt 1: Nehmen Sie Ihren Hund an die Leine. Lassen Sie einen Helfer eine Serviette auf den Boden legen. Auf dieser werden – für den Hund sichtbar – ein paar schmackhafte Futterstücke platziert.

Schritt 2: Bewegen Sie sich nun in normalem Tempo gemeinsam mit dem Hund auf das Futter zu. Sobald Ihr Hund versucht, an Ihnen vorbei zum Futter zu gelangen, drehen Sie Ihren ganzen Körper zu ihm ein und drängen Sie ihn mit einer schnellen, dynamischen Bewegung ein Stück zurück.

Schritt 3: Reagiert Ihr Hund, indem er kurz vor Ihnen zurückweicht, lösen Sie den Druck sofort wieder und bewegen Sie sich weiter auf das Futter am Boden zu. Bleiben Sie niemals vor dem Hund stehen! Wenn Ihr Hund Sie ignoriert und weiterläuft, verfahren Sie wie in Schritt 2. Vergrößern Sie nötigenfalls den Abstand zum Futter noch einmal und beginnen Sie die Annäherung erneut.

Schritt 4: Sie befinden sich jetzt etwa einen halben Meter von der Futterserviette entfernt und bleiben locker stehen. Ihr Hund darf zum Futter

Auf einem Tuch auf dem Boden wird für den Hund sichtbar Futter ausgelegt.

Das Interesse des Hundes ist groß, doch die Halterin begrenzt den Drang des Hundes zunächst, …

schauen, es jedoch nicht nehmen. Sobald Ihr Hund Blickkontakt zu Ihnen aufnimmt, haben Sie zwei Möglichkeiten: Sie gestatten ihm mit einer deutlichen Geste, das Futter zu nehmen. Oder Sie nutzen seinen Blick, um sich mit ihm noch einmal vom Futter zu entfernen. Zu Beginn können Sie Ihrem Hund helfen, indem Sie sich zwischen ihn und das Futter drehen und sich dann fortbewegen. Später „öffnen" Sie den Weg zum Futter und bewegen sich rückwärts von ihm weg.

Schritt 5: Je sicherer Sie sich sind, dass Ihr Hund sich an Ihnen orientiert, desto weniger Grenzen müssen Sie ihm setzen. Oft reicht schon ein leichtes Eindrehen der Schulter, um Ihrem Hund zu zeigen, dass er warten muss.

Bedeutung im Alltag

Diese Form der Grenze eignet sich für alle Situationen, in denen Ihr Hund so lange warten soll, bis Sie den nächsten Schritt machen. Das kann z. B. das Betreten eines Lokals sein oder auch das Verlassen der Wohnung. Wenn Sie die Grenze aufheben, also Ihrem Hund den Weg frei geben möchten, achten Sie darauf, dass Sie dieser Erlaubnis nicht zu viel Energie beimessen. Dadurch können Sie nämlich das Gegenteil bewirken. Ihr Hund wird dann schon erwartungsvoll auf das „Freizeichen" warten. Das trägt nicht gerade zur Ruhe bei.

Warnung

Nutzen Sie diese Grenze bitte nicht für das Training der Leinenführigkeit! Dazu ist die Übung „Hinten laufen" besser geeignet.

… um einen kurzen Moment der Ruhe einzufordern. Das motiviert den Hund, Blickkontakt zu ihr aufzunehmen.

Der Hund hat über den Blickkontakt „um Erlaubnis gefragt". Die Halterin bedeutet ihm mit ihrer Körperhaltung: „Okay."

Führung

Übung
Raum nehmen

Ziel der Übung
Sie lernen, vorausschauend zu handeln. Sie kontrollieren nicht den Hund, sondern den Raum, in dem er sich bewegt.

Übungsanleitung
Schritt 1: Ihr Hund befindet sich in einigen Metern Abstand zu Ihnen und bewegt sich in eine bestimmte Richtung, aber nicht auf Sie zu.
Schritt 2: Finden Sie heraus, welches Ziel er verfolgt. Schneiden Sie ihm dann mit dynamischen Schritten und einer aufrechten Körperhaltung den Weg ab.
Schritt 3: Sobald Ihr Hund Sie wahrnimmt, bewegen Sie sich von ihm weg. Beobachten Sie, was geschieht – folgt er Ihnen oder versucht er erneut, sein eigenes Ziel zu erreichen?
Schritt 4: Folgt er, führen Sie ihn einfach weiter. Versucht er erneut, seine Richtung durchzusetzen, wiederholen Sie den Ablauf und ergänzen Sie ihn nötigenfalls durch das Vorgehen aus den anderen Übungen, z. B. „Hin und weg".

Bedeutung für den Alltag
Sie können jede kleinere Ablenkung im Alltag nutzen, um die ersten Erfah-

Die Husky-Hündin ist der Meinung, sie könne an mir vorbei nach vorne laufen. Da sie mir dabei keine Aufmerksamkeit schenkt ...

... entscheide ich in diesem Fall, dass ich das nicht tolerieren will. Ich möchte, dass sie weiter neben oder hinter mir bleibt.

rungen zu machen. Im Gegensatz zu der Übung „Hin und weg" ist Ihr Hund jetzt in Bewegung und trabt beispielsweise auf ein Ziel zu. Sobald Sie die Zusammenhänge zwischen dem Verhalten des Hundes und seinem Freiraum erkennen und Ihre Präsenz zielgerichtet einsetzen, benötigen Sie immer weniger Kommandos, um Ihren Hund zu führen. Falls Sie Ihren Hund nicht ohne Leine laufen lassen können, sind das die Grundlagen für mehr Bewegungsfreiraum des Hundes. Sie bauen in Zukunft auf die **Beziehung** zu Ihrem Hund und können **Erziehung** immer mehr vernachlässigen.

Warnung
Manchmal entscheiden ein paar Zentimeter darüber, ob Ihr Hund Ihnen folgt

Leine
Die Leine ist ein Machtsymbol, das Sie erst dann einsetzen sollten, wenn alles andere versagt. Je früher Sie Ihren Hund mit Hilfe der Leine kontrollieren, desto eher kapitulieren Sie vor Ihrer Führungsrolle. Sorgen Sie dafür, dass die Leine je nach Umfeld ausreichend lang ist.

oder ausbricht. Trainieren Sie Ihre Wahrnehmung und Ihr Gefühl. Mit der Zeit finden Sie das richtige Maß und Timing. Und bedenken Sie, dass es Reize gibt, gegen die Sie einfach (noch) nichts ausrichten können.

Dazu drehe ich mich mit einer dynamischen und eindeutigen Körpersprache zu ihr hin und signalisiere der Hündin so, ...

... dass ihr Bewegungsspielraum gerade von mir begrenzt wird. Ihr Züngeln zeigt mir: „Keinen Druck mehr, ich habe verstanden!"

Übung
Liegeplatz

Ziel der Übung
Sie übernehmen die vollständige Kontrolle über den Raum. In Kombination mit einem Liegeplatz lernt Ihr Hund, dass sein Bewegungsspielraum auch einmal kurzzeitig von Ihnen eingeschränkt werden kann. Viele Hunde empfinden das weniger als Strafe, sondern mehr als Entlastung, z. B. bei starker Ablenkung.

Übungsanleitung
Schritt 1: Egal, ob Sie im Haus oder im Freien trainieren – nehmen Sie Ihren Hund zu Beginn an die Leine. Eine zwei bis drei Meter lange Leine reicht aus, kürzer sollte sie nicht sein.

Schritt 2: Platzieren Sie den Liegeplatz des Hundes so, dass er mindestens eine geschlossene Seite hinter sich hat. Besser ist es, wenn der Liegeplatz an zwei Seiten begrenzt ist.

Schritt 3: Führen Sie den Hund an der Leine durch den Raum. Beginnen Sie dann in der Nähe des Liegeplatzes, ihn räumlich zu begrenzen, indem Sie dynamisch auf ihn zugehen und ihn so in die Richtung seines Liegeplatzes drängen.

Wenn Sie mit Ihrem Hund das freie Abliegen üben möchten, dann kann anfangs eine kleine Decke als Liegeplatz eine große Hilfe sein.

Schritt 4: Sobald er sich mit allen Pfoten auf der Decke befindet, lösen Sie den Druck und legen Sie die Leine vor ihn auf die Decke. Dann entfernen Sie sich von ihm. Auch wenn der Hund Ihnen beim ersten Mal folgen will, bleiben Sie auf keinen Fall als Begrenzung vor der Decke stehen!

Schritt 5: Lassen Sie es ruhig zu, dass Ihr Hund sich ein paar Schritte von der Decke entfernt. Erst dann bauen Sie erneut Druck auf. Beobachten Sie, wie er nun reagiert. Beim zweiten oder dritten Durchlauf sollte seine Reaktion schon deutlicher sein. Er sollte zu verstehen beginnen, was der Liegeplatz mit Ihrer Anwesenheit zu tun hat. Solange Sie ihm nichts anderes signalisieren, wird er auf der Decke bleiben.

Bedeutung für den Alltag

Wenn Sie den Raum kontrollieren, dann kontrollieren Sie auch den Hund. Es geht bei dieser Übung nicht um einen Ersatz für das Kommando „Auf Deine Decke". Der Unterschied zu dem Kommando besteht darin, dass Ihr Hund Sie anders wahrnimmt. Sie setzen ein Privileg direkt durch, ohne den Umweg über die Sprache. Das hat Auswirkungen auf die Rolle, die Sie jetzt aus Sicht Ihres Hundes einnehmen. Im Freien unterstützt das Liegeplatztraining alle Bereiche der Führung, inklusive der Leinenführigkeit. Im Haus haben Sie die Möglichkeit, dem Hund einen Platz zuzuweisen, um sich frei bewegen zu können, ohne dass er Ihnen wie ein Schatten folgt. Das wiederum ist die Basis dafür, dass Ihr Hund lernt, alleine zu bleiben. Im Haus bekommt der Liegeplatz eine noch größere Bedeutung. Wenn Ihr Hund Ihnen in der Wohnung auf Schritt und Tritt folgt, dann kontrolliert er Ihren Bewegungsspielraum. Kann er gleichzeitig nicht alleine bleiben, dann liegt hierin die Ursache des Problems versteckt. Sobald Sie sich das Recht geben, die Bewegungen des Hundes einzuschränken, kann er Sie nicht mehr kontrollieren. Jetzt können Sie sich zum einen frei bewegen, zum anderen fällt dem Hund in Zukunft das Alleinsein leichter, weil der Verlust der Kontrolle nicht mehr so schwer wiegt. Auch für Besuchssituationen ist es eine große Erleichterung, wenn ein Hund gelernt hat, auf seiner Decke zu bleiben.

Trainertipp

Sind Sie sich vollkommen sicher, dass Ihr Hund das Kommando ausführen wird? Wenn nicht, setzen Sie lieber Ihre Körpersprache ein.

Warnung

Geben Sie Ihren Hund niemals aus der Distanz frei, wenn dieser sich auf seiner Decke befindet. Gehen Sie statt dessen zu ihm hin, nehmen Sie die Leine ruhig auf (in diesem Moment soll der Hund noch liegen!), und führen Sie ihn wie in der Übung „Hinten laufen" beschrieben in den Raum. Erst, wenn Sie sich seines Respekts sicher sind, können Sie die Leine lösen oder seinen Bewegungsspielraum vergrößern. Verzichten Sie an dieser Stelle aber auf ein verbales Freigeben in Form von „Lauf" oder ähnlichem.

Spiel

Bedeutung von Spiel

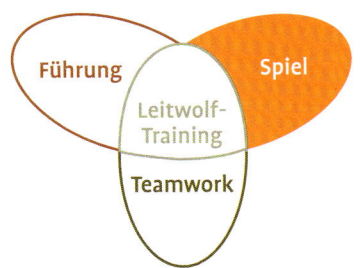

Spiel ist die Grundlage für jede Form von Ausbildung und Erziehung eines Hundes. Ohne Spielmotivation können Sie aus einem Hund keinen Teampartner machen, der mit Ihrer Anleitung Aufgaben löst. Das gleiche gilt für den Aufbau eines Kommandos oder eines Signals. Das Spiel mit Spielobjekten ist dabei nur eine Möglichkeit. Viel entscheidender für eine gute Mensch-Hund-Beziehung ist das körperaktive Spiel ganz ohne Hilfsmittel. Sie werden zum besten Spielpartner Ihres Hundes, wenn Sie lernen, sich selbst richtig ins Spiel mit Ihrem Hund einzubringen.

Der Nutzen des Spiels

Das Spiel dient dazu, Beziehungen aufzubauen, zu gestalten und zu sichern. Im Spiel wird das Vertrauen der Partner zueinander gestärkt und die Zugehörigkeit zur Gruppe bestätigt. Die Qualität einer Beziehung erkennen Sie unter anderem an der Art und Weise, wie die Beziehungspartner miteinander spielen.

Im Leitwolf-Konzept erhält Spiel noch zwei weitere Bedeutungen:
> Im Spiel mit seinem Menschen findet der Hund den Ausgleich zum Druck der Führung.
> Spielmotivation ist die Voraussetzung für jede Art von Teamwork zwischen Mensch und Hund.

Miteinander im Spiel

Wenn Sie das Spiel als einen Teil Ihrer Beziehung zu Ihrem Hund betrachten und den Zusammenhang zu den Bereichen Führung und Teamwork verstehen, verändert sich automatisch Ihr Bild von Training, Erziehung und Ausbildung des Hundes. Wenn Sie Spiel als Möglichkeit sehen, den Hund auszupowern, dann kommt nach dem Spiel nicht mehr viel. Verstehen Sie Spiel jedoch als Grundlage für Motivation und Konzentration des Hundes in der gemeinsamen Arbeit, dann fängt der Spaß im gemeinsamen Spiel erst an. Dann spielen Sie mit Ihrem Hund, weil Ihnen bewusst ist, dass Sie seine Begeisterung für das Miteinander damit wecken.

Es wirkt sehr ungezwungen, ausgelassen und frei, wenn Sie einen Menschen mit seinem Vierbeiner spielen sehen. Das soll es auch unbedingt sein. Das Spiel beinhaltet dennoch Regeln oder besser Rituale, die Sie kennen müssen. Denn an diesen Ritualen erkennt Ihr Hund, dass es sich um Spiel handelt. Es liegt an Ihnen, nicht an Ihrem Hund, diese Regeln einzuhalten. Ihr Hund kennt die Bedingungen für Spiel, nach diesem Kapitel kennen Sie sie auch.

Die Bedingungen für Spiel

Hunde spielen, um des Spielens willen. Sie verfolgen erst einmal kein höheres Ziel damit. Das hat Konsequenzen für Ihr Spiel mit Ihrem Hund, denn Sie müssen ihm in Aussicht stellen, auch mit Ihnen „ziellos" spielen zu dürfen. Mit jedem Kommando und jeder Einschränkung seiner Rechte nehmen Sie ihm die Freude am Spiel. Trennen Sie deshalb deutlich zwischen Spiel und Erziehung! Im Spiel dürfen und müssen Sie Ihrem Vierbeiner sehr viel mehr durchgehen lassen, als Sie glauben. Anspringen und offensives Fordern ist erlaubt, sonst ist es kein Spiel.

Spiel, nicht Wettbewerb

Im Spiel mit Ihrem Hund geht es um die gemeinsame Zeit, nicht um Sieg oder Niederlage. Wenn Sie das Spiel verlieren – was ändert es? Und wenn Sie es gewinnen – was ändert es? Wie verhält es sich denn, wenn Sie mit Freunden oder der Familie spielen? Werden Sie von den Freunden weniger ernst genommen, bloß, weil Sie ein Spiel verloren haben? Na also! Lösen Sie sich auch beim Spiel mit Ihrem Hund von dem Gedanken, das Spiel gewinnen zu müssen. Denn sobald Sie das denken, ist es kein Spiel mehr, sondern ein Wettbewerb.

Trainertipp

Verzichten Sie im Spiel mit Ihrem Hund auf Kommandos. Als Spielpartner sind Sie gleich gestellt, Sie brauchen sich also nicht durchzusetzen.

Das Spielumfeld

Energie geladenes Spiel mit viel Trieb und Motivation des Hundes hat zur Folge, dass er Ablenkungen kaum noch wahrnimmt. Ein vorbeilaufender Artgenosse ist uninteressant, solange sich Ihr Hund im Spiel mit Ihnen befindet. Allerdings gilt auch umgekehrt: Eine Umgebung, in der zahlreiche Reize die Aufmerksamkeit des Hundes auf sich ziehen, macht es ihm schwer, sich auf ein Spiel mit Ihnen einzulassen. Das wiegt umso schwerer, je weniger sich Ihr Hund auch in einer reizarmen Umgebung für das Spiel interessiert.

Ablenkende Reize

Mögliche Gründe können sein:
> Wildspuren oder deren Witterung in der Nähe von Wald und Feldern,
> Artgenossen, die spielen oder das Blickfeld kreuzen,
> Menschen, falls der Hund diese als Bedrohung ansieht oder nicht einschätzen kann,
> Unsicherheit und Angst im Allgemeinen,
> Objekte, die sich bewegen und den Hetztrieb oder Beutefangtrieb Ihres Hundes wecken.

Ein verlässlicher Spielpartner

Spielt ein Hund nicht mit seinem Menschen, kann es daran liegen, dass er nicht spielen möchte. Möglich ist allerdings auch, dass er in seinem zweibeinigen Partner einfach keinen geeigneten Spielkumpan sieht. Vielleicht hat er Menschen in dieser Rolle nie kennen gelernt. Möglich ist aber auch, dass dieser Hund den Menschen nicht in der Rolle des Spielkameraden erkennen kann, weil der Zweibeiner sich nicht so verhält, als wolle er spielen.

Ein Spielpartner – egal ob Mensch oder Hund – muss die Regeln des artgerechten Spiels kennen. Erst, wenn Sie die Grundregeln des hündischen Spiels kennen, erfahren Sie, warum Ihr Hund nicht mit Ihnen spielt oder das Spiel plötzlich abbricht.

Welche Signale benötigt Ihr Hund nun von Ihnen, und wie können Sie ihm diese übermitteln? Der Schlüssel hierzu liegt wieder einmal in Ihrer Körpersprache.

Spiel mit vollem Einsatz: Dazu gehören auch eine übertriebene Mimik und entblößte Zahnreihen.

Die wichtigsten Spielregeln

> Ein Hund darf seinen Menschen im Spiel anspringen, ohne dass das Spiel beendet wird.
> Hunde lieben es, spielerisch an Beuteobjekten zu zerren. Zerrspiele, die überwiegend der Hund gewinnt, garantieren eine hohe Spielmotivation des Hundes, sobald Sie ihn zum Spiel auffordern.
> Kommandos wie „Nein", „Runter" oder „Aus" haben im Spiel nichts zu suchen. Sie demotivieren den Hund und sind häufig der Grund, weshalb das Spiel mit ihren Menschen für Hunde unattraktiv ist.
> Verzichten Sie darauf, Ihren Hund im Spiel erziehen zu wollen. Spielen Sie einfach nur, um zu spielen und um Zeit mit Ihrem Hund zu verbringen.
> Lernen Sie, die Aggressionen Ihres Hundes im Spiel als Teil seiner Spielfreude zu akzeptieren. Wenn es dabei mal etwas ruppiger zugeht, dann kann das auch daran liegen, dass Ihr Hund Ihnen bedingungslos vertraut.

Das Spiel von Mensch und Hund

Die Mehrzahl der Hunde reagiert auf Spielzeug. Hundehalter setzen daher gerne Spielobjekte ein, um mit ihrem Vierbeiner zu spielen. Heißt das automatisch, dass Ihr Hund mit Ihnen spielt, wenn Sie ihn mit einem Spielobjekt motivieren? Nicht unbedingt, denn in erster Linie spricht ihn ja das Objekt an.

Spielaufforderung verstehen
Das Spiel zwischen Mensch und Hund, wie ich es verstehe, kommt ohne Hilfsmittel aus. Es genügt eine kleine Körperaktion, schon greift der Partner die Spielaufforderung auf und los geht's. Es spielt überhaupt keine Rolle, wer die Initiative zum Spiel ergreift: Sie oder Ihr Hund. Entscheidend ist, dass der jeweils andere die Aufforderung versteht und darauf reagiert. Beobachten Sie, wie zwei Hunde nach der ersten Kontaktaufnahme ins Spiel übergehen. Dadurch erhalten Sie alle Informationen zum körperaktiven Spiel.

Je weniger Hilfsmittel Sie benötigen, um Ihren Vierbeiner zu motivieren, desto besser. Dann stimmt Ihre Haltung. Sie verstehen die Signale Ihres Hundes und reagieren artgerecht darauf. Auf dieser Basis können Sie das sogenannte Beutespiel (Spiel mit Spielobjekten) aufbauen und das Spiel immer variantenreicher gestalten.

Nicht alles, was nach Spielaufforderung aussieht, ist auch eine. Es ist möglich, dass Ihr Hund im Rahmen der Führung so reagiert, dass es wie Spiel erscheint. In diesem Fall handelt es sich aber eher um den Versuch des Hundes, Ihren Druck zu hemmen. Passen Sie dann Ihr Timing und die Intensität an, statt mit ihm zu spielen.

Körperaktives Spiel ohne Hilfsmittel

Ihrer Körpersprache kommt also auch im Spiel wieder die größte Bedeutung zu. Ähnlich wie im Bereich der sprachfreien Führung des Hundes entscheiden Ihre körperlichen Signale darüber, ob und wie Ihr Hund Sie versteht.

Kennzeichen der Spielhaltung ist es, dass diese in jeder Hinsicht übertrieben wirkt. Orientieren Sie sich an den typischen Spielbewegungen eines Hundes. Ihr Hund wird Sie schnell als Spielpartner erkennen,

> wenn Sie eine tiefe Körperhaltung mit stark gebeugten Knien einnehmen,
> wenn Ihr Oberkörper den gebeugten Beinen sehr nahe ist und fast auf diesen aufliegt,
> wenn Sie Ihrem Hund auf allen Vieren entgegen kriechen,
> wenn Ihre Gesten und Bewegungen übertrieben und beinahe albern erscheinen,
> wenn Ihr Körper dem Hund permanent zugewandt bleibt.

Die Haltung allein ist aber nicht alles. Im Spiel bewegen Sie sich auch anders. Hunde bauen in ihr Spiel immer die folgenden Bewegungsmuster mit ein:
> anschleichen und wegschleichen,
> erstarren,
> kurze, ruckartige Bewegungen,
> jagen und nachlaufen,
> gejagt werden und flüchten.

Sie werden sich anfangs vielleicht ein wenig komisch vorkommen. Aber keine Sorge, das geht vorüber. Spätestens, wenn Ihnen auffällt, was sich durch diese Form des Beziehungsspiels zwischen Ihnen und Ihrem Hund verändert.

Der richtige Einsatz von Spielzeug

Auch wenn Sie es dem einen oder anderen Hund nicht ansehen – in jedem Hund steckt ein kleiner Jäger. Der Drang, Beutetiere aufzustöbern und zu fangen, ist dem Hund angeboren. Während ein Beutetier sehr früh im Leben Verhaltensweisen der Flucht erlernen muss, ist es bei Beutefängern wie dem Hund genau anders herum – sie lernen, wie man Beute hetzt und fängt. Junge Hunde lernen im Spiel, diese Fähigkeiten auszubilden und zu verfeinern. Ihr Spiel mit Ihrem Vierbeiner muss sich also an den angeborenen Verhaltensmustern orientieren.

Beute Spielzeug

Spielzeug ist aus Sicht des Hundes der Ersatz für ein Beutetier. Ein Beutegreifer wie der Hund reagiert automatisch auf Objekte, die sich bewegen, weil dadurch seine natürlichen Instinkte aktiviert werden. Spielbeute ermöglicht es ihm, seine Triebe kontrolliert auszuleben.

Hunde jagen, weil es ihrer Natur entspricht. Ziel des Trainings sollte es sein,

Die Königsklasse: Spiel ohne Hilfsmittel. Ein bewusster Einsatz des eigenen Körpers ist die Voraussetzung für gegenseitiges Verständnis.

die angeborenen Bedürfnisse unter der Kontrolle des Menschen zu befriedigen. Lassen Sie das Spielobjekt lebendig und zum Beutetier werden.

Verhalten des Beutetiers
Ein Beutetier verhält sich in etwa so:
> Droht Gefahr, erstarrt es erst einmal.
> Dann wird es versuchen, sich zu verstecken oder sich leise zu entfernen.
> Setzt der Jäger zur Hatz an, flüchtet das Beutetier.
> Folgt der Jäger oder kommt er näher, schlägt das Beutetier Haken.
> Wenn möglich, wird das Beutetier versuchen, Zuflucht in einem Versteck oder auf einem Baum zu finden.

Spiel mit Beute
Die Konsequenzen für das Spiel mit Objekten sind:
> Spielzeug darf sich niemals auf den Hund zu bewegen. Oder läuft ein Hase dem Jäger entgegen?
> Der Abstand zwischen Hund und Spielzeug darf nur wenige Zentimeter betragen.
> Die Bewegungen des Spielobjektes müssen variabel sein; Eintönigkeit verhindert Spiel.
> Der Hund muss die Spielbeute aggressiv einfordern dürfen.
> Hunde müssen Zerrspiele gewinnen.
> Achten Sie auch im Beutespiel auf eine tiefe Körperhaltung.

Zerrspiele

Soll ein Hund ein Zerrspiel gewinnen, ja oder nein? Er **soll** nicht nur, er **muss**!

Bevor ein Hund lernt, seine „Beute" abzugeben, muss er erst einmal die Gelegenheit bekommen, sich selbst zu beweisen, dass er ein guter Jäger ist. Hunde sind in dieser Hinsicht wie wir Menschen: Ihr Selbstwertgefühl steigt, wenn sie erfolgreich waren. Ein Hund, der ein Zerrspiel gewinnt, wird seine Trophäe kurz zur Schau tragen, um Sie dann sofort wieder zu einem neuen Zerrspiel aufzufordern.

Motivation des Hundes

Hunde, die sich beim Zerren um die Beute abrackern, am Ende aber nie gewinnen, werden langfristig immer weniger Freude an einem gemeinsamen Spiel mit ihrem Menschen haben. Wenn sich Ihr Hund nicht (mehr?) für Spielzeug interessiert, dann fragen Sie sich,

Zerrspiele sind wichtig. Der Hund darf und muss sie gewinnen können.

Ich hatte im Training schon zahlreiche Hunde, die angeblich ihr Spielzeug nicht ausgeben wollten. Innerhalb von wenigen Minuten legten mir diese Hunde ihre Beute freiwillig in die Hand – ohne Zwang, ohne Kommando und ohne Gezerre. Der Grund: Nachdem sie die Beute erfolgreich erlangt hatten, ging das Spiel wie gewohnt weiter. Privilegien und Rechte entscheiden sich über die innere Haltung, nicht über einen Kampf.

ob das einmal anders war. Vielleicht haben Sie selbst dazu beigetragen, dass er keine Lust mehr hat, mit Ihnen zu spielen. Das gleiche gilt für Hunde, die ihre Beute sichern und sich weigern, sie abzugeben. Wie lang mussten sie sich abmühen, und was hatten sie letztlich davon?

Hüten Sie sich davor, Erziehungsmaßnahmen wie das Ausgeben von Spielzeug durchzusetzen. Freuen Sie sich an der Begeisterung, mit der Ihr Hund dem Beuteobjekt nachjagt, und fördern Sie seine Motivation, das beim nächsten Mal wieder zu tun.

Trainertipp

Spielen und zerren Sie, einfach weil Sie und Ihr Hund Spaß daran haben! Zerrspiele fördern das Vertrauen.

Regeln des Zerrspiels

> Ihr Hund zerrt, Sie halten nur dagegen.
> Ihr Hund zieht Sie am Zerrobjekt über den Platz.
> Sie täuschen Schwäche vor und lassen sich von ihm ziehen.
> Je tüchtiger Ihr Hund zerrt, desto mehr Raum gewinnt er.
> Lassen Sie den Hund in dem Moment gewinnen, in dem er heftig am Zerrobjekt ruckt.

Fehler eins

Der größte Fehler, der Ihnen unterlaufen kann, besteht darin, dass Ihnen der Besitz der Spielbeute wichtiger ist als Ihrem Hund. Je mehr Sie die Beute gewinnen wollen, desto größer ist die Motivation des Hundes, sie nicht mehr herzugeben. Drehen Sie den Spieß um, und Ihr Vierbeiner wird Sie anflehen, die Spielbeute haben zu wollen.

Wenn ein Hund seine Beute aggressiv verteidigt, dann nur, weil es jemanden gibt, den das ärgert. Hunde machen sich im Spiel einen Spaß daraus, den Partner an der Nase herum zu führen. Es liegt an Ihnen, ob Sie sich darauf einlassen wollen.

Fehler zwei

Der zweitgrößte Fehler ist der, den Hund am Zerrobjekt hinter sich herzuziehen. Das führt dazu, dass Ihr Hund sich immer weniger traut, wirklich zu zerren. Geben Sie dem Zerren und Rucken des Hundes an der Spielbeute einfach nach, indem Sie sich von ihm über die Wiese ziehen lassen. In dem Moment, in dem Ihr Hund am heftigsten kämpft und zieht geben Sie die Beute her.

Fazit: Ein Hund, der nicht zerrt, vertraut seinem Menschen nicht.

Futter als Spielmotivator

Im Rahmen des Leitwolf-Konzeptes ist Futter vor allem ein Motivator. Futter motiviert Hunde Dinge zu tun, die sie ohne Motivationshilfe erst einmal nicht tun würden. Mit anderen Worten: Futter ist keine Belohnung für erwünschtes Verhalten, sondern löst das erwünschte Verhalten erst aus. Genauso wie Spielzeug kann Futter ein Motivator sein, um mit dem Menschen in einen spielerischen Kontakt zu treten. Wenn Sie Futter als das sehen, was es ist – ein Anreiz für ein gemeinsames Spiel –, dann werden Sie es auch bewusster und zielgerichteter einsetzen.

Spiel um seiner selbst Willen
Auch das Spiel mit Futter bedeutet, dass um des Spielens Willen gespielt wird. Lösen Sie sich von allen Erwartungen. Im Spiel geht es eben nicht um richtig oder falsch. Wenn Sie ein Verhalten Ihres Hundes als falsch bewerten und ihm deshalb das Futter vorenthalten, dann nur deshalb, weil Sie ein anderes Verhalten erwartet haben. Vielleicht ist es gar nicht das Verhalten des Hundes, mit dem etwas nicht stimmt, sondern Ihr eigenes. Soll Ihr Hund nun Ihren Fehler korrigieren? Weiß er, was richtig und was falsch ist? Nein. Dann machen Sie

Lauern und angreifen – so spielen Hunde nun einmal.

Die Bedingungen für Spiel

Weiches und schmackhaftes Futter in kleinen Stücken ist ein guter Motivator.

Ein Beutel sichert das Futter und es ist schnell zur Hand.

ihn auch nicht dafür verantwortlich – spielen Sie einfach weiter. So lange, bis die Futtertasche leer ist.

Grenzen überschreiten

Im Spiel geben Sie Ihrem Hund das Recht, Grenzen zu überschreiten. Für einige Hunde ist es schon ein Tabubruch, sich der Hand ihres Menschen zu nähern, wenn diese Futter enthält. Diesen Hunden ist Futter nicht unwichtig, sie haben lediglich gelernt, es nicht anzutasten oder gar einzufordern, wenn jemand anders es besitzt. Im Spiel müssen Sie Ihrem Hund genau dieses Recht geben, sonst versteht er Sie nicht.

Viele Hunde, die anfangs sehr zögerlich mit ihren Menschen spielen, gehen später aus sich heraus. Die erste Hürde ist genommen, wenn ein Hund seinen Menschen im Spiel anspringen darf. Diese Hürde ist für manche Menschen scheinbar unüberwindbar. Wenn ein Hund erst einmal verstanden hat, dass sein Mensch ein geeigneter Spielpartner ist, dann geht alles andere fast wie von

Trainertipp

Trennen Sie gedanklich das Spiel von der Führung. Im Spielmodus müssen Sie keine Sorge haben, dass Ihr Hund den Respekt vor Ihnen verliert.

alleine. An dieser Stelle kommt Ihnen die Verantwortung zu, die Rolle des Spielgefährten so auszufüllen, dass Sie für Ihren Hund jederzeit einschätzbar bleiben. Ein Spielabbruch, weil der Hund zu wild wird, trägt nicht gerade dazu bei. Und falls Sie das Anspringen Ihres Hundes stört, dann gehen Sie doch einfach mal auf alle Viere und spielen Sie am Boden weiter. Dann muss Ihr Hund auch nicht springen …

Wenn Ihr Hund nicht spielen möchte

Sie wissen nun einiges über die Bedingungen für das Spiel zwischen Mensch und Hund. Wenn Sie wissen, welchen Regeln das Spiel unterliegt, fällt es Ihnen auch leichter zu erkennen, warum ein Hund nicht spielen kann oder will.

Bevor Sie nun die Tipps umsetzen, sollten Sie sich erst einmal klar machen, dass Sie nicht alles verändern können, nur weil Sie jetzt wissen, was Spiel ist und wie es aussehen kann. Die Faktoren, die über Erfolg oder Misserfolg entscheiden, können sehr vielfältig sein. Versuchen Sie für Ihren eigenen Hund zu erkennen, worauf Sie wirklich Einfluss haben und worauf nicht. Erst dann können Sie die Tipps und Anleitungen ausprobieren und beurteilen, was das Richtige für Sie und Ihren Hund ist.

Sehr ängstliche und unsichere Hunde werden erst einmal ein sicheres Umfeld brauchen. Das Spiel mit ihnen wird im Haus oder Garten beginnen. Ehemalige Straßenhunde verbinden mit einem Spaziergang vielleicht nicht direkt etwas Angenehmes, sondern kümmern sich erst um das eigene Überleben. Herdenschutzhunde sichern zunächst die Umgebung und sind dann weiter auf der Hut. Spiel würde von der Aufgabe ablenken. Bleiben Sie offen für die Eigenarten Ihres Hundes.

Manches Spiel mit dem Hund ersetzt den Besuch im Fitness-Studio

Meine eigene Hündin zeigte anfangs großen Respekt vor mir, wenn ich mich in geduckter Haltung an sie heranschlich. Sie hat nie gelernt, dass dies eine Spielaufforderung durch einen Menschen sein kann. Irgendwann hat der Zufall nachgeholfen: An einem Nachmittag habe ich die Mülltonnen durch den Garten in Richtung Straße geschoben. Das rumpelnde Geräusch hat meine Hündin kurz animiert, die Tonnen spielerisch zu attackieren. Das habe ich aufgegriffen, indem ich sie mitsamt der Tonne verfolgt habe; immer nur einen ganz kurzen Moment. Als ich dann hinter der Mülltonne hervorgesprungen bin und sie gejagt habe, ist der Knoten geplatzt – mein Hund hat ausgelassen mit mir gespielt … ohne Spielzeug, ohne Futter und ohne Mülltonne.

Veränderbare Einflüsse

Folgende Einflussfaktoren können Sie verändern:
> Sich selbst als Einflussfaktor – Ihre Körperhaltung, Motivation, Erwartungshaltung.
> Die Umwelt – Störgeräusche, Ablenkungen, hohe Reizlage, andere Hunde in der Nähe.
> Futtermotivation des Hundes – Futter zur freien Verfügung, ein satter oder übergewichtiger Hund.
> Beutemotivation – Spielzeug zur freien Verfügung, Handling des Spielobjektes, Art des Objektes.

Unveränderbare Einflüsse

Folgende Einflussfaktoren können Sie nicht verändern:
> Die individuelle Geschichte des Hundes,
> Rassebesonderheiten und
> das Alter sowie
> eventuell den Gesundheitszustand des Hundes.

Schrittweise Veränderungen

Wenn Sie die Anleitungen aus den Praxisbeschreibungen umgesetzt haben und nur kleine Fortschritte machen – immerhin. Bleiben Sie am Ball und geben Sie sich und dem Hund Zeit.

Trainertipp

Schrauben Sie Ihre Erwartungen auf ein Minimum herunter. Überprüfen Sie sich von Zeit zu Zeit selbst.

Überprüfen Sie vor allem Ihre Erwartungshaltung und Ihr eigenes Spielverhalten.

Erhalten Sie von Ihrem Hund keinerlei Motivation für ein gemeinsames Spiel, dann könnte es sein, dass dieser Hund das Spiel mit dem Menschen nie gelernt hat. Sollte er mit anderen Hunden spielen, dann bringen Sie sich vorsichtig in ein Spiel mit einem Artgenossen ein und schauen Sie, ob Ihr Hund Sie nun anders wahrnimmt.

Die Arbeit mit Hunden, die aus dem „normalen" Trainingsraster herausfallen, ist sehr individuell. Sie müssen sich dann etwas einfallen lassen, das genau auf Sie und Ihren Hund passt. Bleiben Sie beharrlich bei einer Sache und geben Sie sich und Ihrem Hund Zeit, darauf zu reagieren. Es kann manchmal Wochen dauern, bis bei einem Hund der „Knoten platzt". Seien Sie kreativ.

Wenn Ihr Hund Futter verschmäht

> Geben Sie Ihrem Hund nur einmal eine kleine Menge Futter aus seinem Napf. Räumen Sie den Napf nach der Fütterung sofort weg und achten Sie darauf, dass der Hund keinen freien Zugang zu Futterquellen hat. Den Rest der Futtermenge „erspielt" sich Ihr Hund, wie in den praktischen Übungen zum Einsatz von Futter ab Seite 62.
> Verzichten Sie auf Futterbelohnungen für das Ausführen eines Kommandos. Spielen Sie stattdessen freier, indem Sie Futter einfach vor den Hund auf den Boden werfen. Steigt sein Interesse am Futter, wenn er einfach mal hinterher hüpfen darf?
> Erhöhen Sie den Anreiz, indem Sie für das Futterspiel besonders schmackhafte Futterstücke verwenden: Kleine Würfel Hundewurst, Käse oder gekochtes Fleisch wirken manchmal Wunder.
> Sorgen Sie kurzfristig für etwas mehr Hunger. Ein satter Hund hat keinen Grund, um Futter zu spielen.
> Beobachten Sie sich selbst: Wie oft hemmen Sie die Motivation Ihres Hundes, indem Sie ein Kommando geben? Dazu zählen auch „Nein", „Runter", „Aus" und „Pfui". Lassen Sie alle Kommandos und verbalen Signale aus dem Spiel, sie haben dort nichts zu suchen!

Und auch das darf sein: Körperkontakt und die reine Freude am Sein.

Wenn Ihr Hund sich nicht für Spielbeute interessiert

> Räumen Sie in der Wohnung/im Garten alles weg, womit der Hund alleine spielt und was er zur freien Verfügung hat.
> Beobachten Sie Ihren Hund: Was erregt seine Aufmerksamkeit? Tannenzapfen, kleine Stöcke, Blätter, Putzlappen, Socken, Verpackungen? Nutzen Sie alles, was den Hund motiviert, und setzen Sie genau das zum Beutespiel ein.
> Füllen Sie einen Futterbeutel mit schmackhaftem Futter. Zeigen Sie dem Hund, was Sie in den Beutel stecken, lassen Sie beim Befüllen „aus Versehen" einen Futterbrocken fallen. Werfen Sie den Beutel dann in geringer Entfernung neben sich und den Hund auf den Boden. Sobald der Hund einen Schritt auf den Beutel zugeht, öffnen Sie den Beutel und geben Sie ihm einen Brocken Futter. Beobachten Sie, wie sich die Motivation des Hundes verändert.
> Wenn Ihr Hund den Futterbeutel schon kennt, achten Sie darauf, das Interesse nicht zu früh durch Kommandos und Aufgaben zu hemmen. Verwenden Sie den Beutel eine Zeit lang, um frei und ausgelassen zu spielen, statt auf dem Apportieren zu bestehen.
> Verzichten Sie im Spiel mit Objekten auf jegliche Kommandos, wenn Ihr Hund wenig Motivation am Beutespiel zeigt. Kommandos haben im Spiel nichts zu suchen!
> Testen Sie, ob Ihr Hund sich für eines der eingesetzten Spielzeuge interessiert, wenn dieses sich an einer Reizangel bewegt. Manche Hunde beginnen ein Spiel mit einem Objekt erst dann, wenn ein Abstand zum Menschen besteht. Sie glauben, das Beuteobjekt gehöre dem Menschen und trauen sich nicht, es einzufordern.

Das Spiel soll die Motivation des Hundes für den Kontakt zu seinem Menschen fördern. Sobald Ihr Hund Ihnen bereits bei kleinen Spielsignalen seine volle Aufmerksamkeit schenkt, ist es an der Zeit, diese Motivation für die gemeinsame Arbeit zu nutzen. In diese werden aus dem Spiel heraus auch Phasen der Ruhe und Konzentration eingebaut.

Ohne Spiel ist alles nichts. Fördern Sie Ihren Hund im Spiel, lassen Sie ihn Grenzen überschreiten, Zerrspiele gewinnen, stellen Sie ihm den größtmöglichen Erfolg in Aussicht. Hunde, die mit ihren Menschen spielen, vertrauen ihnen auch.

Spiel ohne Hilfsmittel

Ziel der Übung
Sie lernen, Ihren Körper so einzusetzen, dass der Hund in Ihren Gesten eine Spielaufforderung sieht.

Übungsanleitung
Schritt 1: Ihr Hund steht ein paar Meter von Ihnen entfernt. Die Umgebung sollte für ihn keine besondere Ablenkung bieten.

Schritt 2: Nehmen Sie eine tiefe Körperhaltung ein und verharren Sie einen Moment in dieser Position. Nehmen Sie eine Veränderung bei Ihrem Hund wahr? Schaut er irritiert zur Seite, gähnt er, kratzt er sich, duckt er sich weg, beginnt die Rute zu wedeln? Prima, er ist gesprächsbereit.

Schritt 3: Schleichen Sie sich langsam an und beobachten Sie jede Reaktion des Hundes. Gaaaanz laaaangsaaaam.

Schritt 4: Verharren Sie immer wieder in einer Position, bauen Sie Spannung auf, bis Sie das Gefühl haben, Ihr Hund hält es nicht mehr lange aus und braucht einen kleinen Impuls, um in ein wildes Laufspiel einzusteigen.

Bedeutung für den Alltag
Das Spiel ohne Hilfsmittel ist die Königsklasse des Spiels, denn dabei kommt es alleine auf Sie, Ihre Koordination und Ihre Beobachtungsgabe an. Spielen Sie im wahrsten Sinne des Wortes mit den Elementen
> anschleichen,
> erstarren, also Achtung-Geste,
> wegschleichen,
> verstecken,
> ruckartigen Bewegungen.

Spielen wie ein Hund: auflauern, anschleichen, den Körper tief geduckt auf allen Vieren. Das Spielgesicht des Hundes spricht Bände.

„Pfotengrabschen" – man braucht ein feines Gespür für die Bedeutung des eigenen Körpers, um das Spiel am Laufen zu halten.

Je feiner Sie die Veränderungen einsetzen, desto feiner wird die Reaktion des Hundes ausfallen. Ziel ist es, eine Spannung aufzubauen, die Sie und Ihr Hund deutlich spüren können. Nutzen Sie alles, was das Umfeld Ihnen anbietet – Verstecke, Hindernisse, Holzstapel im Wald usw.

Warnung

Die Kunst besteht darin, spielerisch Druck auszuüben. Eine kleine Irritation des Hundes ist erwünscht, denn das macht auch den Reiz aus. Manche Reaktionen des Hundes deuten darauf hin, dass es in die falsche Richtung läuft:
> Ihr Hund kommt auf Sie zugelaufen und springt an Ihnen hoch oder bellt Sie an. Er zeigt Ihnen damit, dass er nicht einschätzen kann, was Sie von ihm wollen.
> Ihr Hund zeigt keine Reaktion, entfernt sich stattdessen und wendet sich anderen Dingen zu.
> Ihr Hund reagiert zwar, seine Körperhaltung und der Blick lassen aber eher auf Respekt und Demut schließen.

Wenn es nicht klappt

Wenn Ihr Hund Ihren Körpereinsatz im Spiel nicht deuten kann, jedoch mit Spielbeute eine hohe Spielmotivation zeigt, helfen Ihnen vielleicht folgende Tipps:
> Nehmen Sie ein Spielzeug in die Hand; halten Sie es dicht am Körper.
> Gehen Sie damit offensiv auf den Hund zu und treiben Sie ihn damit von sich weg.
> Sobald Ihr Hund Abstand hält, schleichen Sie in geduckter Haltung weg und bauen so beim Hund eine Erwartungshaltung auf.
> Lösen Sie die Spannung, indem Sie das Spielzeug „beleben" (siehe „Beleben der Spielbeute" auf Seite 60).
> Wiederholen Sie die Abläufe und testen Sie, ob Ihr Hund sich nach und nach auf Ihre Körpersignale ohne Spielzeug einlässt.

Wie viel Spiel darf es denn sein? Je nachdem, wie Ihr Hund spielt, sind kleinere Schrammen nicht ausgeschlossen.

Das Spiel verlagert sich mehr und mehr auf den Boden. Daran kann sich auch ein zärtliches Kraulen und gemeinsames Räkeln anschließen.

Spiel „Jäger und Gejagter"

Ziel der Übung
Sie spielen mal den Jäger, mal den Gejagten. Sie lernen, den Rollentausch innerhalb eines Spiels bewusst wahrzunehmen und einzusetzen.

Übungsanleitung
Schritt 1: Motivieren Sie Ihren Hund zu einem Spiel wie in der Übung „Spiel ohne Hilfsmittel" (Seite 56) beschrieben.
Schritt 2: Sobald Ihr Hund auf Ihre Spielaufforderung eingeht, laufen Sie vor ihm davon und lassen Sie sich ein kurzes Stück von ihm jagen.
Schritt 3: Drehen Sie in einer weiten Kehre um und wechseln Sie aus der Rolle des Gejagten in die des Jägers. Jagen Sie Ihren Hund nun ihrerseits ein ganzes Stück über das Feld.
Schritt 4: Wenn Ihr Hund vor Ihnen flüchtet, nutzen Sie die entstandene Distanz, um wieder einen Rollentausch anzubieten. Das kann mehrmals hin und her gehen, Sie können auch Erstarren oder Anschleichen einbauen oder in ein körpernahes Raufspiel auf allen Vieren übergehen.

Bedeutung für den Alltag
Rollentausch ist eines der zentralen Elemente von Spiel. Es gehört eine gute Wahrnehmung dazu, die Signale des eigenen Hundes zu erkennen, richtig zu deuten und entsprechend angepasst darauf zu reagieren. Sie können nichts falsch machen. Also nutzen Sie das ungezwungene Spiel, um Ihrem Hund näher zu kommen.

Laufspiele ohne Hilfsmittel machen nicht nur den Hunden Spaß.

Raufspiel am Boden

Trainertipp

Setzen Sie neben Ihren Händen auch den Körper ein, um den Hund spielerisch zu schubsen. Variieren Sie die Dynamik, indem Sie selbst mal grober werden.

Ziel der Übung
Setzen Sie Ihren Körper bewusst in einem Raufspiel ein. Dazu gehört auch der Einsatz der Hände.

Übungsanleitung
Schritt 1: Gehen Sie aus einer der anderen Spielvarianten in das bodennahe Raufspiel über oder beginnen Sie direkt damit, indem Sie – am besten auf allen Vieren – auf den Hund zukriechen und nach seinen Pfoten grabschen oder ihn mit ganzem Körpereinsatz wegschubsen.

Schritt 2: Ihr Hund sollte spielerisch aggressiv reagieren, seinerseits den Körpereinsatz erwidern und Sie „dominieren".

Schritt 3: Gehen Sie auf jede seiner Reaktionen ein: Rollen Sie sich auf den Rücken, lassen Sie Ihren Hund über sich steigen, legen Sie sich auf ihn. Ganz so, wie es dem Spiel gut tut, ohne es zu unterbrechen.

Schritt 4: Aus dem Raufen können Sie auch in ein Spiel mit Elementen der Körperpflege übergehen. Kraulen Sie Ihren Hund, rollen Sie sich neben ihn auf den Boden und genießen Sie die Nähe.

Bedeutung für den Alltag
Die Nähe im Spiel schafft Vertrauen. Ihr Hund und Sie selbst werden im gemeinsamen Spiel lockerer und gelöster. Das hat Auswirkungen auf die Fähigkeiten des Hundes, Ihren Druck in der Führung auszuhalten, ohne in übertriebenem Respekt zu versinken. Das Spiel mit Welpen und jungen Hunden gibt Ihnen darüber hinaus die Möglichkeit, Regeln des Miteinanders von Mensch und Hund einzuführen. Die Beißhemmung ist dem Hund nicht angeboren, sondern muss erlernt werden. Das körpernahe Raufspiel ist das ideale Umfeld hierfür. Spielen Sie mit dem Welpen oder Junghund und lassen Sie ihn bewusst Grenzen überschreiten. Sobald der Einsatz der Zähne Ihnen zu grob wird, brechen Sie das Spiel mit einem mürrischen Laut ab oder sanktionieren Sie den jungen Hund, indem Sie ebenso fest „zurückbeißen". Dazu können Sie ihn beispielsweise kurz kneifen oder auch dynamisch umwerfen und kurz (!!!) zu Boden drücken. Sobald Sie merken, dass die Botschaft angekommen ist, spielen Sie weiter. Überprüfen Sie dann noch einmal, ob die neue Regel vom Hund eingehalten wird.

Einsatz von Spielzeug

Ziel der Übung
Sobald Sie Spielzeug bei einem hoch motivierten Hund einsetzen, nimmt die Spiel-Geschwindigkeit enorm zu. Sie brauchen also eine gute Körperkoordination, um die Motivation des Hundes zu nutzen statt sie zu blockieren. Das Spiel mit Beuteobjekten bietet Ihnen für das weitere Training und für Teamwork viele Möglichkeiten. Die Abläufe werden schneller, die Aufmerksamkeit des Hundes nimmt zu, und Ihr Spiel wird insgesamt variabler.

Übungsanleitung
Schritt 1: Wählen Sie ein Motivationsobjekt, das sofort das Interesse des Hundes weckt. Nehmen Sie dann direkt eine tiefe Körperhaltung ein. Orientieren Sie sich an den Bewegungsabläufen aus der Übung „Spiel ohne Hilfsmittel" (Seite 56).

Schritt 2: Nun erwecken Sie die Spielbeute zum Leben. Bewegen Sie das Objekt flüssig und nah am Körper vom Hund weg. Steigt Ihr Hund in das Spiel ein und verfolgt das Objekt, dann variieren Sie die Richtung, bauen Sie Pausen ein, indem Sie das Spielzeug hinter dem Bein oder dem Rücken verstecken. Setzen Sie Ihren Körper bewusst ein und achten Sie auf die Reaktionen Ihres Hundes.

Schritt 3: Steigt die Motivation? Perfekt! Sinkt sie? Schaffen Sie mehr Aussicht auf Erfolg, indem Sie das Objekt früher freigeben. Entweder Sie werfen es ein kleines (!) Stück vor sich

Eine tiefe Körperhaltung signalisiert dem Hund Spielbereitschaft.

Der Abstand zwischen Hund und Spielbeute muss möglichst gering sein.

auf den Boden und lassen den Hund hinspringen. Oder Sie lassen ihn das Beuteobjekt packen und beginnen ein Zerrspiel.

Schritt 4: Halten Sie ein zweites Motivationsobjekt bereit, wenn Sie das erste freigeben. Fordern Sie auf keinen Fall das Ausgeben oder Apportieren des ersten Objektes! Lassen Sie den Hund entscheiden, wann er mit Ihnen und dem zweiten Objekt weiter „streiten" will. Sie fördern so die Eigenmotivation Ihres Hundes. Verzichten Sie an dieser Stelle auf jedes kontrollierende Kommando, selbst dann, wenn es funktioniert!

Wo es hinführen soll

Die Spielmotivation in Verbindung mit einem Motivationsobjekt – wie einem Futterbeutel oder einem Ball – ist die Grundbedingung für jede Form der Ausbildung eines Hundes. Das ist – mit ganz wenigen Ausnahmen wie z. B. der Fährtenarbeit – unabhängig vom Arbeitsbereich. Ein Hund, der nicht spielt, lernt auch nicht, Aufgaben zu lösen oder Kommandos auszuführen.

Wenn es nicht klappt

Lässt sich Ihr Hund schnell vom Spiel ablenken, erhöhen Sie den Anreiz des Objektes, indem Sie einen Futterbeutel einsetzen, aus dem der Hund eine ganze Zeit lang ausschließlich besonders schmackhaftes Futter erhält. Wenn es sein muss schon dann, wenn er den Beutel am Boden anschaut.

Die „Beute" versteckt sich, …

… um sich dann wieder zu zeigen. Die richtige Handhabung des Spielzeugs muss erst gelernt werden.

Einsatz von Futter

Ziel der Übung
Futter verliert die Bedeutung als Leckerli oder Belohnung und wird zur Motivationshilfe im Rahmen eines Spiels. Ihr Hund lernt, dass er Futter im Spiel sehr offensiv einfordern darf. Damit steigt automatisch seine Spielmotivation.

Übungsanleitung
Schritt 1: Wählen Sie ausreichend schmackhaftes Futter – Hundewurst, Käse, weiches Futter – in kleinen Stücken. Nehmen Sie eine größere Menge davon in beide Hände und halten Sie diese leicht geöffnet vor Ihren Körper.
Schritt 2: Ihr Hund darf nun „in Ihre Futterhand" drängen. Sobald er seine Nase in Ihre Hand drückt, bewegen Sie sich rückwärts. Damit machen Sie es ihm etwas schwerer, an das Futter zu kommen. Je mehr Ihr Hund drückt, desto schneller werden Sie und desto mehr Futter bekommt er. Öffnen Sie

Die Hand mit dem Futter ist nah am Körper und leicht geöffnet.
Der Hund soll treiben, sich aber nicht abmühen müssen.

dazu die Hände mal mehr, mal weniger weit.

Schritt 3: Reißt der Kontakt zu Ihrer Futterhand ab, warten Sie entweder, bis der Hund von sich aus wieder zur Hand drängt, oder gehen Sie ihm mit dem ganzen Körper entgegen, bis seine Nase wieder in Ihre Hand drängt. Locken Sie ihn niemals mit den ausgestreckten Armen zu sich! Das führt nur dazu, dass Ihr Hund wieder einen größeren Abstand zu Ihnen einhält.

Schritt 4: Erst, wenn Ihr Hund vehement treibt und Sie dies deutlich spüren, bleiben Sie aus dem Treiben heraus kurz stehen, lassen die Hand aber noch unten. Wenn Sie stehen, nehmen Sie die Hände ganz nah am Körper hoch an die Brust.

Schritt 5: Ihr Hund wird nun entweder hochspringen, um mehr Futter zu erhalten. Das ist erwünscht! Unterbinden Sie das auf keinen Fall! Lassen Sie sich stattdessen schneller als vorher von ihm treiben. Macht Ihr Hund Anzeichen, sich zu setzen, führen Sie die Hände schnell wieder nach unten, um das nicht zuzulassen, und weiter geht es mit dem Treiben.

Bedeutung für den Alltag

Futter ist ein guter Motivator, wenn Sie lernen, ihn richtig einzusetzen. Da Sie sich mit dem Futter im Spielmodus befinden, erhält die ganze Situation etwas sehr Freies, Ausgelassenes. Es ist eben ein Spiel.

Das Futtertreiben ist die Basis für alle weiteren Spiele, in denen Sie Futter als Motivationshilfe einsetzen. Was Sie hier lernen, hilft Ihnen im Aufbau von Tricks, Spielereien und später auch bei dem sauberen Aufbau eines akustischen Signals.

Warnung

Kontrollieren Sie Ihren Drang, das Anspringen unterbinden zu wollen! Es ist später sehr leicht, Grenzen ins Spiel einzubauen. Viel schwerer ist es, eine fehlende Spielmotivation des Hundes auszugleichen.

Steigt der Hund beim Futtertreiben an Ihnen hoch, dann sollten Sie das Tempo der Rückwärtsbewegungen erhöhen.

Polizei

Ziel der Übung
Es gibt kein Ziel, außer Spaß miteinander zu haben.

Übungsanleitung
Schritt 1: Beginnen Sie mit der Grundposition „Sitz" an Ihrer Seite.
Schritt 2: Halten Sie – wie in der vorherigen Übung – in beiden Händen Futter. Diesmal soll der Hund jedoch nicht gleich zu Beginn an der linken Hand andocken. Stattdessen machen Sie erst einen kleinen Schritt mit dem linken Fuß nach vorne. Sobald Ihr Hund dieser Bewegung folgen will, führen Sie die linke Hand hinter Ihr linkes Bein, die rechte Hand in der Mitte durch die Beine nach hinten.
Schritt 3: Wenn Sie den Drang des Hundes in Ihrer linken Futterhand spüren, gehen Sie aus dieser leichten Schrittstellung in die Hocke, bis Ihr rechtes Knie am Boden ist. Gleichzeitig entfernen Sie die linke Futterhand als Motivationshilfe und ziehen den Hund über die rechte Futterhand durch die Beine nach vorne unten.
Schritt 4: Ihr Hund liegt am Ende genau unter Ihnen und schaut zu Ihnen hoch.

Aus dem „Sitz" oder dem „Folgen an der Seite" ...

Übungen

Wo es hinführen soll
Sie laufen vor Ihrem Hund über die Wiese. In dem Moment, in dem Sie die tiefe Position am Boden kniend einnehmen, wühlt Ihr Hund sich von hinten zwischen Ihren Beinen durch und liegt ruhig und aufmerksam unter Ihnen. Wozu das gut ist? Um Spaß zu haben. Ihrem Hund genügt das. Und Ihnen?

Bedeutung für den Alltag
Stellen Sie sich vor, Sie wandern mit Ihrem Hund, und Ihr Schuh ist offen. Sie knien sich hin, um den Schnürsenkel zu binden. Ihr Hund sieht das und liegt sofort zwischen Ihren Beinen. Also, ich finde das sehr lustig. Außerdem: Während ich die Schnürsenkel binde, muss ich nicht auf meinen Hund achten.

Wenn es nicht klappt
Folgt Ihr Hund nur zögerlich in die Mitte zwischen Ihre Beine, dann verzichten Sie zunächst auf die Bewegung nach unten. Führen Sie den Hund wie beim Futtertreiben, nun aber zwischen Ihren Beinen in der Vorwärtsbewegung. Nach und nach verlangsamen Sie die Vorwärtsbewegung und schauen, wie Ihr Hund reagiert. Bricht er aus? Setzt er sich und hält die Nähe aus? Gehen Sie dann immer mal wieder in die eigentliche Übung zurück und beobachten Sie die Fortschritte.

... führt Ihre Futterhand den Hund in das „Platz" unter Ihrem Körper.

Platz von vorne

Ziel der Übung
Die gängigen „Kommandos" bekommen eine neue Bedeutung: Sie werden zu Elementen des körpernahen Spiels. Das hat zur Folge, dass Sie das Wort „Platz" erst einmal nicht mehr benötigen, denn Ihr Hund lernt auf diese Weise, sich hinzulegen, wenn Sie eine kleine Bewegung mit der Schulter machen. Er legt sich hin, weil er das will, nicht weil Sie ihm das sagen!

Übungsanleitung
Schritt 1: Sie nehmen ein paar Stücke Futter in die rechte Hand. Ihre Hand halten Sie in Brusthöhe nah am Körper. Ihr Hund sitzt vor Ihnen.

Schritt 2: Setzen Sie den linken Fuß neben seine rechte Pfote. Ihre rechte Futterhand geht nun an Ihr rechtes Knie. Sobald Ihr Hund in die Hand drängt, bewegen Sie Bein und Hand gleichzeitig nach hinten und unten.

Schritt 3: Ihr Hund folgt aus dem „Sitz" der Hand und der Bewegung Ihres Körpers nach unten. Sollte er aufstehen, korrigieren Sie Ihre Geschwindigkeit und den Abstand zum Hund.

Schritt 4: Liegt Ihr Hund in einer geraden Linie vor Ihnen, geben Sie das Futter frei, indem Sie es vor Ihr rechtes Knie auf den Boden legen. Lassen Sie den Hund das Futter nehmen, richten Sie sich auf, indem Sie einen

Aus dem „Sitz" folgt der Hund Ihrer rechten Futterhand, ...

... die in einer flüssigen Bewegung Ihrem Knie in Richtung Boden folgt.

Schritt nach hinten machen. Anfangs ist es überhaupt nicht schlimm, wenn Ihr Hund direkt wieder aufsteht. Wiederholen Sie den Ablauf mehrmals.

Schritt 5: Nun versuchen Sie, Ihren Hund aus der Position „Platz" vorsichtig mit einer Körperaktion zurück ins „Sitz" zu bringen. Kontrollieren Sie Ihre Bewegungen sehr genau und achten Sie auf den Druck, den Sie mit Ihrem Körper ausüben. Weicht der Hund zu weit zurück, dann hält er den Druck noch nicht aus. Spielen Sie an dieser Stelle mit Ihren eigenen Bewegungen und lassen Sie sich und dem Hund Zeit.

Schritt 6: Sobald Ihr Hund liegt, entfernen Sie sich langsam nach hinten. Achten Sie auf die Bewegungen Ihres Körpers und den Druck, den Sie damit erzeugen.

Bedeutung für den Alltag

Es geht vor allem um Ihr Bewusstsein für den Druck, den Sie über Ihren Körper aufbauen und auf den Ihr Hund immer reagiert. Sie pendeln zwischen Spiel und Balance und steigern so die Konzentration.

Wenn es nicht klappt

Setzen Sie anfangs ruhig mehr Futter ein. Das gilt vor allem für den Moment, in dem Ihr Hund vor Ihnen liegt und Sie aufstehen wollen. Legen Sie während des Aufrichtens ein paar Stücke Futter vor den Hund auf den Boden. Die Position „Platz" ist für viele Hunde eine sehr defensive Position und deshalb nicht beliebt. Es setzt eine große Portion Vertrauen voraus, wenn Ihr Hund dieser Bewegung folgen soll und im „Platz" verbleibt.

Wenn Ihr Hund liegt, platzieren Sie das Futter vor ihm auf den Boden ...

... und bleiben einen Moment in entspannter Körperhaltung in dieser Position.

Mitte-Seite

Ziel der Übung
Sie lernen, sich und Ihre Körperbewegungen zu koordinieren. Der Einsatz von Futter verlangsamt die Abläufe, so dass Sie in Ruhe üben können, was Ihr Hund schon lange kann. Nebenbei lernt Ihr Hund zu vertrauen, und Sie bauen spielerisch eine ruhige Grundposition auf, die Sie in allen Bereichen des Teamwork brauchen werden.

Übungsanleitung
Schritt 1: Sie nehmen in beide Hände ein paar Stücke Futter. Ihr Hund befindet sich vor Ihnen und hat Kontakt zu Ihnen bzw. zu Ihrem Futter.

Schritt 2: Bewegen Sie gleichzeitig das rechte Bein und die rechte Hand in einer fließenden Bewegung nach hinten. Achten Sie darauf, dass Ihr Hund wie beim Futtertreiben Kontakt zur rechten Futterhand aufnimmt und dieser folgt.

Schritt 3: Führen Sie den Hund mit Kontakt zur rechten Futterhand in die entstandene Lücke zwischen Ihren geöffneten Beinen.

Schritt 4: Führen Sie die linke Futterhand von außen so in die Lücke zwischen den Beinen, dass beide Hände sich in der Mitte berühren. Ihr Hund sucht einen kurzen Moment an beiden Händen nach Futter. Entfernen

Aus dem „Sitz" folgt der Hund Ihrer rechten Futterhand, …

… die Sie zeitgleich mit dem rechten Bein nach hinten führen.

Sie nun die rechte Hand. Ihr Hund sollte jetzt schnell Kontakt mit der linken Hand aufnehmen.

Schritt 5: Führen Sie den Hund durch die Beine nach vorne an Ihre linke Seite. In den ersten Durchgängen beenden Sie jede Übung mit der Freigabe des Futters (am Ende oder auch zwischendrin) ohne, dass Ihr Hund sich absetzen muss.

Schritt 6: Wenn Sie merken, dass die Abläufe bei Ihnen und dem Hund flüssiger werden, reduzieren Sie die Futtermenge. Ein Stück in der rechten und zwei bis drei in der linken Hand sollten genügen. Futter erhält der Hund jedoch nur noch aus der linken Hand. Bauen Sie nach und nach das Absitzen an Ihrer linken Seite ein.

Bedeutung für den Alltag
Dies ist eine essentielle Übung für eine ruhige Grundposition des Hundes bei der gemeinsamen Arbeit. Ganz ohne Erwartung und Trainingsziel fördert sie die Koordination von Mensch und Hund, die Aufmerksamkeit beider Partner und das Vertrauen in Nähe.

Warnung
Beginnen Sie jede Übung sehr langsam. Wenn Sie merken, dass der Kontakt der Hundenase zu Ihrer Hand abreißt, waren Sie schon zu schnell. Nur, wenn Sie am Anfang langsam üben, werden die schnellen Abläufe später flüssig und sauber sein. Das ist wie beim Spielen eines Musikinstrumentes: Sie beginnen langsam, damit sich keine Fehler einschleichen, die später mühsam korrigiert werden müssten.

Die linke Hand trifft die rechte in Ihrer Kniekehle ...

... und führt den Hund nah am Körper an Ihrer Seite ins Sitz.

Platz an der Seite

Ziel der Übung
Wie schon in der ersten Übung zum Platz vor Ihnen, geht es hierbei um Ihre Körperaktion in Kombination mit Futtermotivation. Ihr Hund liegt am Ende seitlich neben Ihnen.

Übungsanleitung
Schritt 1: Beginnen Sie mit der Übung Mitte-Seite (Seite 68) und starten Sie aus der Grundposition.

Schritt 2: Sie halten Futter in der linken Hand. Sobald der Hund in die Futterhand drängt, führen Sie die Hand nah am Bein nach vorne unten. Ihr Hund folgt der Bewegung und liegt dann neben Ihnen. Legen Sie das Futter zwischen seine Pfoten auf den Boden.

Schritt 3: Anfangs entfernen Sie sich einfach nach vorne. Der Hund darf Ihnen dabei folgen. Nutzen Sie die Bewegung des Ihnen folgenden Hun-

Aus dem „Sitz" an der Seite wird der Hund an der Futterhand ...

... in einer fließenden Bewegung des ganzen Körpers ins „Platz" geführt

des für eine weitere Übung Mitte-Seite. Starten Sie dabei wieder aus der Ruheposition „Sitz" neben Ihnen.

Schritt 4: Liegt Ihr Hund in einer geraden Linie neben Ihnen, halten Sie die Futterhand an seine Nase und führen Sie ihn in einer Bewegung vom Platz nach oben ins „Sitz". Achten Sie darauf, dass Ihr Hund in diesem Bewegungsablauf nicht aufsteht und dass der Kontakt zur Futterhand erst einmal nicht abreißt.

Schritt 5: In einer nächsten Stufe der Übung entfernen Sie sich, sobald der Hund neben Ihnen liegt, nach vorne. Legen Sie beim Fortgehen ein paar Stücke Futter zwischen seine Vorderpfoten. Schaut er Sie dann aus zwei bis drei Metern Entfernung aus dem „Platz" erwartungsvoll an, geben Sie ihm ein kleines Körpersignal, um ihn zu sich zu holen. Beginnen Sie von vorne oder variieren Sie mit einer anderen Übung.

Bedeutung für den Alltag

Sie befinden sich immer noch im Spiel, nicht in der Erziehung! Alle diese Übungen sind die Basis für den Aufbau eines Hörzeichens für „Platz". Das folgt jedoch aus dem Spiel heraus im Kapitel Teamwork.

Es sind manchmal nur Kleinigkeiten, die eine große Veränderung zur Folge haben. Ich habe in der praktischen Arbeit die Erfahrung gemacht, dass Hunde sofort mit hoher Motivation und viel Aufmerksamkeit auf diese Form des Spiels reagieren. Viele Hunde kennen ihre Halter nur in der Rolle des Befehlsgebers. Für jeden Krümel Futter muss erst ein Kommando ausgeführt werden, weil der Mensch in Sorge ist, der Gehorsam des Hundes würde abnehmen, wenn es Futter einfach so für Anwesenheit gibt. Natürlich reduzieren Sie später die Futtermenge deutlich, und der Hund führt viele kleine Sequenzen hintereinander aus, ohne sofort Futter zu bekommen. Über den Zeitpunkt entscheidet aber der Hund mit seiner Eigenmotivation.

Ihrer inneren Haltung zum Spiel und Ihrer Beobachtungsgabe kommt auch hier eine enorme Bedeutung zu. Sie sind im Spiel mit Ihrem Hund frei von Erwartungen und Ängsten. Selbst, wenn mal etwas danebengeht oder die Aufmerksamkeit des Hundes aus verschiedenen Gründen gering ist, bleiben Sie gelassen und versuchen es einfach einen Tag später erneut. Sie erkennen auch die Signale Ihres Hundes und schulen Ihr Auge jeden Tag aufs Neue. Das hat zur Folge, dass Sie Ihr Timing verbessern und das Spiel mit Ihrem Hund mehr und mehr zu einem kleinen Tanz werden lassen. Gestalten Sie Ihre persönliche Choreographie!

Zu Beginn dieser Spiele bewegen Sie sich vielleicht noch etwas unkoordiniert und Ihr Hund bricht deshalb das Spiel mit Ihnen auch mal ab oder ist verwirrt. Legen Sie eine kleine Pause ein. Beginnen Sie ein paar Minuten später noch einmal. Es ist eben so, dass Sie lernen müssen, wie ein Hund zu spielen. Das braucht Zeit. Es geht nicht um Perfektion. Unsere Hunde sind sehr verständnisvoll und nachsichtig mit uns Menschen. Sie verzeihen uns unsere Fehler schneller als wir selbst. Geben Sie Ihrem Hund etwas von dieser Haltung zurück. Lachen Sie über Ihre eigenen Dusseligkeiten. Das hilft oft mehr als Arbeit und Training.

Teamwork

Bedeutung von Teamwork

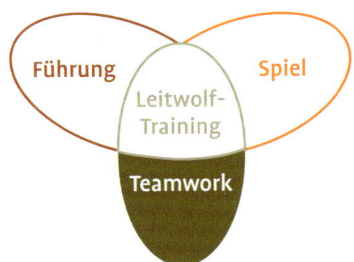

Teamwork ist viel mehr als nur Beschäftigung und Auslastung des Hundes. Die gemeinsame Arbeit festigt das gegenseitige Vertrauen und wird damit zu einem wichtigen Element der Beziehung zwischen Ihnen und Ihrem Hund. Anders als im Bereich Führung bekommen jetzt Kommandos und Signale wieder eine Bedeutung. Ihre „Befehle" dienen allerdings nicht dem Gehorsam des Hundes; sie geben Ihrem Vierbeiner eher Orientierung und Sicherheit, um mit viel Vertrauen und Motivation seinen Job zu machen.

Das gehört zum Teamwork

Viele Hundehalter wünschen sich, mit Ihrem Vierbeiner ein Team zu bilden. Das ist auch der Sinn eines jeden Hundetrainings. Teamwork meint, in gegenseitigem Verständnis eine Aufgabe zu lösen. Wie diese Aufgabe aussieht ist nebensächlich. Wichtig ist, wie Mensch und Hund zum Teamwork gelangen.

Mit viel Spielmotivation laufen beide auf das Hindernis zu, …

… das der Hund …

Bedeutung von Teamwork

Um diesen Weg zu einem Team aus Mensch und Hund geht es im gesamten Leitwolf-Training. Im Bereich Teamwork findet der Feinschliff und die Spezialisierung auf einen Aufgabenbereich statt.

Formen von Teamwork
Teamwork können die verschiedensten gemeinsamen Aktivitäten sein, z.B.:
> Agility,
> Dummy- und Apportierarbeit,
> Rettungshundearbeit,
> Schutzhundesport,
> DogDancing,
> Obedience,
> Fährtenarbeit,
> Mantrailing,
> Hütearbeit,
> Jagdhundearbeit,
> Unterordnung im sportlichen Sinne.

Voraussetzungen für Teamwork
Für welchen Bereich Sie sich entscheiden, ist Ihnen natürlich frei gestellt. Sie und Ihr Hund sollten allerdings Spaß an der gemeinsamen Arbeit haben. Dabei messe ich Ihrer Freude an der Arbeit im Team genauso große Bedeutung bei wie der Ihres Hundes. Jede Trainingseinheit, die noch nicht so gut sitzt, wird für Sie zur Quälerei, wenn Sie den Fehlern des Hundes mit Geduld begegnen sollen, selbst aber gar keinen Spaß am Training haben. Wenn es Ihnen alleine um die Auslastung des Hundes geht, dann sind Sie kein Teammitglied. Im besten Falle fahren Sie den Hund zum Training und wieder nach Hause. Das ist nicht das, was Ihr Hund von Ihnen erwartet. Er wünscht sich in der gemeinsamen Arbeit einen Teampartner, der sich auf ihn verlässt und dem er vertrauen kann. Bevor Sie sich also fragen, ob die Arbeit Ihrem Hund Spaß macht, klären Sie erst, ob Sie selbst Freude daran haben. So viel Egoismus ist in einer gesunden Beziehung vollkommen in Ordnung.

... – ohne zu zögern – überspringt ...

... und mit dem Ergreifen der Spielbeute belohnt wird.

Vom Spiel zum Teamwork

Der Übergang vom Spiel zum Teamwork besteht immer aus den gleichen Elementen. In das zum Teil doch wilde und tabulose Spiel fließen nun Konzentration und Kontrolle ein. Zwar unterscheiden sich die einzelnen Trainingsschritte in den verschiedenen Formen des Teamwork voneinander. Jedoch bleibt die Grundlage immer dieselbe: Motivation über den Einsatz von Futter oder Spielzeug. Eine artgerechte Ausbildung des Hundes greift immer auf Futter oder Spielbeute zurück, nie auf Zwang, Angst oder den Selbstschutztrieb des Hundes.

Wichtig: Es kommt nicht darauf an, ob Sie mit Futter oder mit Spielzeug trainieren – wichtig ist, dass Ihnen klar ist, wann Sie was, wie und warum einsetzen.

Teamwork mit Dummy

Die Übergänge von Spiel zu Teamwork sind fließend. Sie müssen es sein und bleiben es auch. Entscheidend ist weniger, ob Sie spielen oder arbeiten. Wichtig ist, dass Sie erkennen, wann Ihr Hund genügend motiviert ist, um zu arbeiten, und wann Sie ihn spielerisch immer wieder „einfangen" können. Das beginnt schon mit dem ersten Apport, also dem Zurückbringen und Abgeben eines Gegenstandes. Ich nenne diesen ab hier der Einfachheit halber „Dummy".

Besonders Apportierhunde – also alle Arten von Retrievern wie Labrador, Golden, Flatcoated usw. – zeigen von klein auf eine hohe Motivation, das Dummy aufzunehmen und zu apportieren, also zum Hundeführer zurückzubringen. Daher rührt der Ausspruch: „Ein Retriever wird mit einem Dummy im Maul geboren." Vielen dieser Hunde müssen Sie die Grundlagen des Apportierens nicht beibringen, das steckt in ihren Genen.

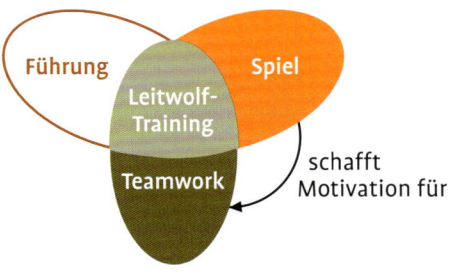

In den praktischen Übungen beschreibe ich die Apportierarbeit mit einem Hund, der relativ wenig Spieltrieb, dafür aber Futtertrieb besitzt. Wer die Verbindung von Futter und Spielzeug anhand eines Futterbeutels nicht benötigt, weil der Hund sowieso jedem fliegenden Spielzeug hinterher läuft, der kann die ersten Schritte auch direkt mit einem anderen Apportiergegenstand durchführen oder mit der „Steadiness" einsteigen.

Trainertipp

Es kann sinnvoll sein, im Spiel ein anderes Objekt zu wählen als beim Apportieren. Manche Hunde sind sonst im Training zu motiviert.

Ich entziehe Fanni das Spielzeug und warte ihre Reaktion ab. Sie ist weiter hoch motiviert und beginnt zu fordern. Es ist Zeit für Teamwork!

Das Teamziel aus Sicht des Hundes

Worum geht es einem Hund, wenn er bereit ist, mit seinem Menschen an einer Aufgabe zu arbeiten? Wenn Sie einen gut ausgebildeten Hund bei der Arbeit sehen, dann sind Ihnen die vielen kleinen Trainingsschritte bis dorthin vielleicht nicht bewusst. Es lohnt sich, hier genauer hinzuschauen, denn das wird Ihr Bild vom Hund verändern.

Zwei Beispiele fallen mir hierzu ein:
> Es sieht schon ergreifend aus, wenn ein ausgebildeter Rettungshund mit hoher Motivation ein Waldgebiet durchkämmt, um eine darin verunglückte Person zu finden und ihr so die dringend nötige Hilfe zukommen zu lassen. Da wirkt es ganz schön ernüchternd, wenn Sie erfahren, dass der Verletzte dem Hund völlig egal ist. Ihm geht es um das Spielzeug oder das Futter, das er im Training bei jedem Auffinden eines „Opfers" von diesem zur Bestätigung erhält. Rettungshunde lernen, ihr Spielzeug zu finden, der Mensch ist „rein zufällig" dort.
> Ein Schutzhund hat gelernt, eine flüchtende Person zu stellen und notfalls auch mit einem Biss in den Arm an der Flucht zu hindern. Auf viele Hundehalter wirkt diese Form der Teamarbeit wie ein „Scharfmachen" des Hundes gegen Menschen.

Die Hündin wird mit einem Spielzeug gereizt, erhält es aber nicht.

Die Helferin entfernt sich mit dem Spielzeug und „versteckt" sich an einem Baum.

Die Hündin wird mit dem Signal „Such und hilf" in die Arbeit geschickt.

In meinen Seminaren beantworte ich die Frage nach der Bedeutung eines guten Teamworks zwischen Mensch und Hund mit einem Bild: Haben Sie schon mal in einem Ruderboot gesessen und sind gerudert? Ohne Übung ist es gar nicht so leicht, beide Ruder so einzusetzen, dass Sie einigermaßen gut vorankommen und dabei noch die Richtung beibehalten. Sobald mehrere Personen im Boot sitzen und jeder ein Ruder hat, geht es zwar mit vereinten Kräften vorwärts – allerdings nur, wenn alle das gleiche Ziel haben und im selben Rhythmus rudern. So ähnlich sieht Teamwork mit Ihrem Hund aus; Sie müssen das Ziel und den Rhythmus Ihres Hundes kennen und Ihren eigenen daran angleichen. Sobald einer der beiden Teammitglieder nicht mehr auf den Partner achtet, läuft die Sache „aus dem Ruder". Der Leitwolf ist der Steuermann im Team: Er kontrolliert die Richtung und spornt die anderen zur Leistung an, ohne sie zu überfordern. Die Früchte der Arbeit teilt er nicht nur mit seinem Team, er stellt den Teamerfolg in den Mittelpunkt und tritt selbst ein Stück zurück.

Sie glauben, die Aggression eines Hundes würde dadurch unkontrolliert gefördert. Aus Sicht des Hundes geht es jedoch nie um den Menschen, sondern um den „Beutearm", den dieser früher oder später zur Bestätigung abstreift. Dem Hund ist seine Spielbeute wichtig, der Mensch hat diese „rein zufällig" über seinen Arm gestülpt.

Fällt Ihnen etwas auf? In beiden Beispielen liegt dem Verhalten der Hunde die gleiche Motivation zugrunde. Sie wollen beide „nur" an ihr Spielzeug. Alles, was Sie über das Verhalten eines solchen Hundes denken, ist die Folge Ihrer Interpretation. Mit dem Verhalten des Hundes hat das rein gar nichts zu tun. Dem Hund geht es immer um eins: das Aufspüren, Ergreifen oder Sichern der Spielbeute oder des Futters.

Vor der Helferin bellt der Hund mehrmals hintereinander und erhält zur Belohnung den Ball.

Teamwork Apportierarbeit

Wieso habe ich im Rahmen des Leitwolf-Konzepts die Apportierarbeit als Beispiel gewählt? Das hat mehrere Gründe:

> Sie benötigen außer einem Apportiergegenstand (Futterbeutel, Dummy, Spielzeug des Hundes) kein besonderes Equipment.
> Sie brauchen kein Trainingsgelände, sondern können jederzeit im Alltag trainieren.
> Es beinhaltet auch Nasenarbeit und ist abwechslungsreich.
> Die Trainingsinhalte nutzen Ihnen auch in anderen Alltagssituationen und in anderen Formen des Teamworks.
> Das Apportiertraining ist für Hunde (fast) aller Typen geeignet.
> Neben Aktion und Motivation werden auch Ruhe und Konzentration trainiert.
> Apportierarbeit verbindet die Befriedigung des Beutetriebes des Hundes, seine Aufmerksamkeit Ihnen gegenüber und die Kontrolle des Hundes durch Sie.

Warnung

Apportiertraining im Wald darf nie mit Brustgeschirren erfolgen. Die Verletzungsgefahr durch Äste, die sich unter das Geschirr bohren können, ist sehr groß. Verwenden Sie ein eng anliegen-

Was macht ein Retriever? Ein Dummy bringen – natürlich!

Es gibt Hunde, denen müssen Sie die Arbeit nicht beibringen, sondern einfach nur Arbeit anbieten. So ist es im Fall des Labrador Retriever-Rüden Pebbles: Die Halterin von Pebbles konnte ihren Hund nicht frei laufen lassen. Sobald sie ihn ableinte, entfernte sich der junge Rüde, ohne sich auch nur einmal umzuschauen. Er kam dann zwar nach wenigen Minuten wieder in die Nähe, ließ sich dann allerdings nicht mehr anleinen. Auffällig war auch die enorme Zahl von Kommandos, mit denen die Halterin ihren Hund zu kontrollieren und zu lenken versuchte.

Statt Grenzen über Führung zu setzen, entschied ich mich für die Dummyarbeit. Die Aufmerksamkeit und Begeisterung des Hundes für diese Form des Teamworks waren offensichtlich. Nach ein paar Apporten, die immer mal durch ein lockeres Beutespiel unterbrochen wurden, entfernte der Hund sich maximal fünf Meter von seiner Halterin, nahm eigenständig Blickkontakt auf und war mit sich, seiner Welt und seinem Menschen im Reinen.

Pebbles musste nicht erzogen werden. Ihm fehlte lediglich sein Job..

des Halsband oder besser noch eine sogenannte Moxonleine. Das ist eine Leine mit einer Schlaufe, die Sie Ihrem Hund nur locker um den Hals legen und schnell abstreifen können, wenn Sie ihn in die Arbeit schicken. Dafür muss Ihr Hund jedoch auch unter großer Ablenkung sicher leinenführig sein!

Fazit Teamwork

Wenn Ihr Hund motiviert ist und Ihr Kommando ausführen will, haben Sie alles richtig gemacht. Im Bereich des Teamworks spielt es keine Rolle, was Sie mit Ihrem Hund unternehmen. Hier dreht sich alles um die Frage, wie Sie Ihren Hund auf die Aufgaben vorbereiten und mit welcher inneren Haltung Sie ihn in die Arbeit führen. Halten Sie sich zum Abschluss noch einmal das Leitwolf-Modell vor Augen: sprachfreie Führung, ausgelassenes Spiel, ruhige und konzentrierte Teamarbeit. Trennen Sie diese drei Bereiche gedanklich klar voneinander. Sie erkennen dann, dass viele Kommandos dem Hund im Alltag Führung vermitteln sollen. Wenn aber Kommandos in der Führung gar nichts zu suchen haben, sondern im Teamwork gut aufgehoben sind, dann erscheinen Begriffe wie Unterordnung und Grundgehorsam in einem völlig neuen Licht. Ich habe nichts gegen Gehorsam. Ich denke nur, dass Hunde mit Fähigkeiten ausgestattet sind, die weit über das Befolgen eines stumpfen Befehles hinausgehen. Nutzen Sie diese in der gemeinsamen Arbeit, wie auch immer sie bei Ihnen und Ihrem Hund aussieht.

Übung
Interesse wecken

Ziel der Übung
Ein Hund, der noch nie ein Spielobjekt ins Maul genommen und getragen hat, lernt, dafür eine Motivation zu entwickeln.

Übungsanleitung
Schritt 1: Füllen Sie einen Futterbeutel mit schmackhaften, haselnussgroßen Futterstücken. Lassen Sie Ihren Hund dabei ruhig zuschauen. Bewegen Sie sich mit dem Futterbeutel und beobachten Sie, ob Ihr Hund Ihnen dabei folgt.

Schritt 2: Werfen Sie nun den Futterbeutel ein oder zwei Meter von sich und Ihrem Hund weg. Sobald Ihr Hund dem Beutel folgt, gehen Sie ihm vorsichtig nach und öffnen den Beutel. Lassen Sie ihn ein Futterstück nehmen. Sollte der Hund sehr gierig sein und gleich den kompletten Inhalt fressen wollen, nehmen Sie ein Stück heraus und halten Sie es dem Hund nahe am Beutel hin, so dass er es aus Ihrer Hand nimmt.

Schritt 3: Schließen Sie den Beutel, entfernen Sie sich zwei bis drei Schritte von Ihrem Hund, werfen Sie den Beutel wieder von sich und dem Hund weg. Zeigt der Hund auch jetzt Interesse am Beutel und seinem Inhalt, verfahren Sie genau wie im ersten Durchgang. Bei jedem weiteren Durchgang warten Sie ein bisschen länger, bevor Sie sich Ihrem Hund und dem Beutel nähern.

Schritt 4: Nach ein paar Durchgängen können Sie warten, bis Ihr Hund den Beutel auf irgendeine Weise berührt – mit der Nase, der Pfote, indem er ihn ins Maul nimmt oder nur mit langen Zähnen daran knabbert. Ziel dieses Vorgehens ist es, dass Ihr Hund lernt, sich mit dem Objekt zu beschäftigen. Erst dann helfen Sie ihm, ans Futter zu kommen.

Schritt 5: Sobald Ihr Hund den Beutel aufnimmt – egal, wohin er ihn tragen will – können Sie das Training zur Bringfreude und Bringtreue beginnen.

Wenn es nicht klappt
Gehört Ihr Hund zu denjenigen, die meinen, sie kämen am schnellsten ans Futter, indem sie mit dem Beutel das Weite suchen und ihn aufreißen, dann schränken Sie den Bewegungsspielraum kurzfristig mit einer langen Leine ein. Ziehen Sie den Hund aber nicht zu sich, sondern gehen Sie auch dann zum Hund hin und helfen Sie ihm, an das Futter zu kommen. Verteidigt er die „Beute" wägen Sie ab, ob er das spielerisch macht oder ob es eine ernste, Ressourcen verteidigende Aggression ist. Wenn Sie sich nicht sicher sind, kontaktieren Sie einen Trainer Ihres Vertrauens.

Gedanken zum Lernverhalten eines Hundes

Je länger Sie im Verlauf dieses Trainings mit der Hilfe warten, umso mehr Frustration baut sich im Hund auf. Die ist erwünscht, weil sie den Hund motiviert, etwas anderes auszuprobieren als das, was er schon kennt. Hier hilft dann oft der Zufall. In dem Moment, in dem der Hund den Beutel ins Maul nimmt, sollten Sie Ihre Hand unter den Fang halten oder den Beutel auch mal kurz anfassen. Lässt der Hund den Beutel los – Bingo! Sie haben die größte Hürde zum Apportieren gemeistert. Von nun an geht es fast wie von selbst – wenn Sie ein paar Regeln beachten:

> Reagiert Ihr Hund so, dass er beim Anfassen des Beutels darum zerren will, lassen Sie sofort los und beobachten Sie sein weiteres Verhalten.
> Gehen Sie ihm ruhig ein paar Schritte nach, falls Ihr Hund sich entfernen sollte.
> Bieten Sie ihm – wie vorher auch – immer wieder Ihre Unterstützung an, indem Sie die Hand ausstrecken, sich dem Beutel nähern und geduldig warten, bis der Hund eine neue Strategie ausprobiert, z. B. indem er Ihnen den Beutel überlässt, um an das ersehnte Futter zu kommen.
> Wichtig: Vermeiden Sie jedes Kommando, um an den Futterbeutel zu kommen! Selbst, wenn Ihr Hund das Kommando „Bring es" oder „Aus" schon kennt.
> Der Hund soll den Beutel finden, aufnehmen, tragen und abgeben wollen, nicht müssen.

Manchen Hunden ist es völlig egal, was sie apportieren – Hauptsache, es gibt etwas zu tun!

Übung
Kommandos richtig aufbauen

Der Aufbau einer Handlungskette, am Beispiel der Suche eines Dummys, verdeutlicht, welche Rolle Kommandos im Hundetraining spielen. Statt Kommandos mit Gehorsam und Führung des Hundes gleichzusetzen, gebe ich ihnen im Teamwork immer die Bedeutung eines Versprechens: „Was Du jetzt tun wirst, bringt immer Erfolg."

Ein Großteil der Kommandos wie „Hier" oder „Komm" werden in dem Moment gegeben, in dem der Hund unaufmerksam ist. Das ist weit entfernt von dem, was ich unter Kommunikation verstehe. Wenn Ihr Hund Ihr Kommando befolgen soll, dann setzt das Aufmerksamkeit voraus. Ansonsten fehlt Ihnen die Gesprächsbereitschaft des Hundes.

Mit einem Signal, auf das der Hund auch dann sicher reagiert, wenn er abgelenkt ist, haben Sie ein mächtiges Werkzeug an der Hand, das Sie natürlich nutzen dürfen. Um ein Kommando zu erlernen, muss jedoch immer erst Aufmerksamkeit bestehen. Die erreichen Sie am leichtesten über das Spiel, wie ich es im vorangehenden Kapitel ab Seite 40 beschrieben habe. Der einzige Unterschied besteht darin, ob Sie Futter oder Spielzeug einsetzen. Die Abfolge ist für die meisten Bereiche dieselbe. Während Futter gut dazu geeignet ist, die Abläufe langsam und kontrolliert zu üben, sieht das schon etwas anders aus, wenn Sie mit Spielzeug als Motivator arbeiten. Das Tempo nimmt rasant zu und Ihr eigenes Timing und die Koordination müssen sich dem anpassen. Trainieren Sie also erst die flüssigen Abläufe.

Schritt-für-Schritt
Kommandos wie „Platz", „Hier", „Sitz" oder „Fuß" können Sie in etwa so aufbauen:

Schritt 1: Setzen Sie Futter wie im Kapitel „Spiel" Seite 50 beschrieben als Motivator ein. Bauen Sie das Verhalten, für das Sie das Signal aufbauen möchten, spielerisch und ohne Zwang und Kommando auf.

Schritt 2: Reagiert Ihr Hund auf die Bewegungsabläufe immer flüssiger, dann können Sie die deutlichen Körperaktionen, die von Ihnen ausgehen, langsam reduzieren auf kleine Bewegungen.

Schritt 3: Reagiert Ihr Hund auch hierauf noch mit dem erwünschten Verhalten, dann ist der Moment der Verknüpfung von Kommando und Verhalten gekommen. Dabei gilt immer, dass das Signal Ihre eigene Körperaktion ankündigt.

Es gilt: Erst das Hörzeichen, dann die Körperaktion. Das ist wichtig, denn so kann Ihr Hund die Handlungskette erkennen, die sich dahinter verbirgt. Aus Sicht des Hundes sieht das in etwa so aus: Jedes Mal, wenn mein Mensch „Platz" sagt, folgt eine Bewegung von ihm, die ich aus dem Spiel kenne. Folge ich dieser Bewegung, gibt es Futter. Wenn ich also das Wort zum wiederholten Male höre, dann weiß ich, was folgt, und ich lege mich auch ohne die Bewegung meines Menschen hin.

Die Verknüpfung ist vom Hund verstanden, wenn er sich nach ein paar Wiederholungen schon bei dem Hörzeichen „Platz" hinlegt.

Nach der Arbeit den Kopf frei kriegen – Laufspiele sind dafür gut geeignet.

Die Motivation hoch halten

Ich erlebe es immer wieder, dass die Anforderungen an den Hund nach den ersten kleinen Erfolgen viel zu schnell hochgeschraubt werden. Nehmen Sie alles, was Ihr Hund Ihnen im Training zeigt, als Geschenk an. Wenn Sie sich dabei ertappen, von Ihrem Hund mehr zu erwarten als Sie selbst können, dann achten Sie mehr auf die eigenen Fehler als auf die Ihres Hundes.

Die einfachste Möglichkeit, übertriebene Erwartungen an den Hund zu vermeiden, besteht darin, immer mal wieder kurz in eine Spielsequenz zu wechseln. Vergessen Sie Gehorsam und Unterordnung in dieser Phase des Teamwork. Hunde lernen wie Menschen

Trainertipp

Trainieren Sie jedes Signal an verschiedenen Orten und zu verschiedenen Tageszeiten. So wird es alltagstauglich und sicher.

– ein Schritt kommt nach dem anderen. Was für Sie selbstverständlich ist, stellt für den Hund eine große Herausforderung dar. Er weiß nicht, was Bringfreude ist; auch ein Dummy ist ihm fremd. Sie bauen gerade sehr komplexe Handlungsketten auf, und das braucht Zeit und Geduld – auf beiden Seiten.

Übung
Der erste Apport

Ziel der Übung
Ihr Hund läuft mit großer Motivation zum Futterbeutel und nimmt diesen auf, um ihn zu Ihnen zurückzutragen und abzugeben.

Übungsanleitung
Schritt 1: Ihr Hund hat das Dummy aufgenommen und schaut Sie nun an. Gehen Sie einen Schritt rückwärts und dann in die Hocke. Ihr Hund fragt Sie quasi, wie es weitergeht. Die Rückwärtsbewegung wirkt einladend auf den Hund, die Hocke verstärkt diese Wirkung.
Schritt 2: Ihr Hund bewegt sich mit dem Dummy auf Sie zu. Drehen Sie sich in der Hocke oder im Stehen leicht zur Seite, so dass Sie dem Hund auf keinen Fall Ihre Front zeigen. Lassen Sie ihn ruhig mit dem Dummy ein wenig um Sie herumlaufen. Halten Sie die flache Hand leicht vor sich, fordern Sie aber noch kein Ausgeben in die Hand. Das geschieht meist von ganz alleine.
Schritt 3: Wirft der Hund den Futterbeutel vor Sie, dann belohnen Sie auch diesen Apport unbedingt! Nach der Belohnung können Sie das Dummy gleich wieder werfen.
Schritt 4: Hindern Sie zu diesem Zeitpunkt den Hund nicht daran, dem Dummy hinterher zu laufen, sobald es

„Steadiness" – Stabilität und Zuverlässigkeit wird es genannt, wenn ein Hund beim Anblick eines fliegenden Dummys beim Hundeführer wartet ...

... und erst auf dessen Signal hin zum Apport startet. Die Motivation reicht aus, um selbst Ablenkungen zu ignorieren

fliegt. Sie zerstören die Motivation des Hundes, wenn Sie zu früh erwarten, dass er sitzen bleibt und erst auf Ihr Signal hin zum Futterbeutel läuft. Das Warten – in der Dummyarbeit wird es Steadiness genannt – bauen Sie erst ein, wenn die Bringfreude so groß ist, dass der Hund es kaum erwarten kann, dem Dummy hinterher zu springen.

Schritt 5: Sie beenden das Apportieren immer, indem Sie den Apportiergegenstand in einer Tasche verstauen. Von hier an wird nicht mehr mit dem Dummy gespielt! Wählen Sie für das Objektspiel ein anderes Spielzeug.

Für mich gilt in der Apportierarbeit: Jeder Apport wird belohnt! Auch später, wenn der Hund weiß, was er zu tun hat. Nur: Wenn Sie Ambitionen haben, an Prüfungen teilzunehmen, müssen Sie sich später Gedanken machen, wie Sie die Futterbestätigung abbauen. So weit sind Sie und Ihr Hund als Dummy-Einsteiger aber bestimmt noch nicht.

Bringfreude

Denken Sie an die Bedeutung von Raum und Druck in der Führung. Indem Sie einen Schritt auf den Hund zugehen, blockieren Sie ihn und können so seinen Bewegungsspielraum kontrollieren. Mit Ihrer Rückwärtsbewegung erreichen Sie das Gegenteil: Sie öffnen dem Hund den Raum, sodass er trotz der Aussicht, die „Beute" abgeben zu müssen (oder zu dürfen!) in immer schnellerem Tempo zu Ihnen kommt. Das bezeichne ich mit dem Begriff Bringfreude. Der Hund hat Freude daran, das Dummy zu finden, aufzunehmen und zu Ihnen zu tragen.

Sobald er das Dummy aufgenommen hat, dreht sich der Hund ohne weitere Kommandos um und trägt es zum Hundeführer, ...

... um es diesem ruhig und freudig zu geben. Die Belohnung für so viel Bringtreue hat sich der Hund redlich verdient.

Übung
Steadiness – die Ruhe vor dem Apport

Ziel der Übung
Ihr Hund behält die hohe Motivation, das Dummy zu holen, lernt nun aber, auf Ihr Startsignal zu warten. Bei dem Training verzichten Sie auf das Kommando „Bleib"!

Übungsanleitung
Schritt 1: Beginnen Sie mit einem Element aus der Übung Mitte-Seite. Lassen Sie Ihren Hund dabei allerdings nicht neben Ihnen zum Sitzen kommen, sondern zwischen Ihren Beinen.
Schritt 2: Wenn Ihr Hund zwischen Ihren Beinen sitzt, dann beugen Sie sich leicht vor und bilden Sie mit Ihren vorne geschlossenen Armen eine Schranke. Ein Helfer wirft nun in etwa zehn Metern Entfernung das Dummy für den Hund sichtbar in die Luft.
Schritt 3: Reagiert der Hund auf diesen Impuls und versucht vorzuspringen, landet er in Ihren Armen; die Schranke bleibt geschlossen. Die kleinste Bewegung des Hundes nach hinten beantworten Sie dagegen mit dem Öffnen der Schranke. Wichtig: Vermeiden Sie jede Motivation mit der Stimme. Das Öffnen der Arme genügt vollkommen. Ein „Lauf" oder „Los" wirkt eher als Verstärker für das Einspringen beim nächsten Schritt.

Vor den Augen des Hundes wird ein Spielzeug in die Luft geworfen. Der Vierbeiner bleibt ruhig.

Die Ruhe des Hundes wird belohnt, indem die „Schranke" sich öffnet und er apportieren darf.

Schritt 4: Sollte Ihr Hund beim Werfen des Dummys nicht mehr in Ihre Arme drängen, dann öffnen Sie die Schranke nach maximal einer Sekunde, damit der Hund schnell zu seinem Erfolg kommt. Wenn Sie zu lange warten, dann erwarten Sie zu viel und zwingen den Hund damit zu einem Fehler.

Schritt 5: Verlängern Sie die Zeit, die der Hund warten muss, bevor Sie ihm signalisieren „Schranke auf". Beobachten Sie dabei genau sein Verhalten, um den richtigen Moment zu erwischen. Ein leises Fiepen ohne Bewegung kündigt das Einspringen an. Reagieren Sie daher lieber auf die Lautäußerung und geben Sie ihn beim nächsten Mal wieder etwas früher frei. Hat Ihr Hund auf diese Weise gelernt, auf Ihr Signal „Schranke auf" zu warten, ist es an der Zeit, die gleiche Ruhe an Ihrer Seite aufzubauen. Das sollte jetzt recht schnell gehen. Nehmen Sie den Hund, wie im Spiel mit Futter gezeigt, an Ihre Seite (durch die Beine an die rechte oder linke Seite ins „Sitz"). Lassen Sie alle Kommandos weg! Kein „Sitz", kein „Bleib". Sitzt der Hund, geben Sie ihm ein Bröckchen Futter und signalisieren dem Helfer, dass er nun das Dummy werfen kann. Bleibt der Hund einen kleinen Moment sitzen und schaut Sie sogar noch an, öffnen Sie Ihre am Körper anliegenden Arme leicht, indem Sie die Handflächen nach vorne drehen. Gehen Sie gleichzeitig ganz leicht in die Knie. Diese Körperaktion aktiviert den Hund auf eine sehr ruhige Weise. Die Dynamik dahinter reicht aus, um den Hund in Richtung Apport zu schicken. Fantastisch, oder? Ihr Hund braucht keine Kommandos mehr. Er orientiert sich

Trainertipp

Jede Übung, die Ruhe und Konzentration zum Ziel hat, muss auch mit hoher Konzentration aufgebaut werden. Ich meine vor allem die menschliche!

an Ihnen, Ihrer Körperaktion, Ihrer Ruhe und Konzentration. Damit ist die Basis – und noch etwas mehr – für ein harmonisches Mensch-Hund-Team gelegt. Von nun an stehen Ihnen alle Möglichkeiten offen.

Wenn es nicht klappt

Das Timing und die richtige Balance zu finden ist die große Kunst im Training mit einem Hund. Sie können Ihr Timing und Ihr Gefühl schulen, indem Sie sich von Ihren Trainingszielen frei machen und offen sind für das, was jetzt und hier zwischen Ihnen und Ihrem Hund geschieht. Beobachten Sie Verhalten, statt es zu bewerten. Werden Sie nicht übermütig!

Bei Hunden mit einem starken Jagdtrieb ist es sinnvoll, die ersten Schritte eines Apports aus dem Wald heraus mit einer Schleppleine abzusichern. Die Strecke ist dann sehr kurz, das ist okay. Achten Sie auf das Gelände, damit der Hund mit der Leine nicht an Ästen hängen bleibt. Das könnte sein Vertrauen und damit seine Motivation zerstören.

Kleiner Exkurs in die Lerntheorie

Die Trainingsschritte waren bis hierher für den Hund sehr schnell nachvollziehbar. Das Dummy wurde für ihn sichtbar geworfen oder ausgelegt und er wusste, dass Ihr Signal zum Apport irgendetwas mit diesem Ding zu tun haben muss. Damit wird das Hinlaufen, Aufnehmen und Zurückbringen des Dummys beinahe zu einer Selbstverständlichkeit. Die Handlungskette ist für den Hund relativ kurz. Für die weiteren Schritte im Trainingsaufbau benötigen Sie ein paar zusätzliche Kenntnisse aus der Lerntheorie.

Dabei geht es vor allem darum, wie ein Hund zu denken und die Welt mit seinen Augen zu sehen. Ich möchte das an einer Übung beschreiben, die schon ein wenig anspruchsvoller ist – für den Hund, aber vermutlich auch für Sie.

Geschafft! Die Zufriedenheit steht dem Border Collie ins Gesicht geschrieben.

Übung: Die Suche eines Dummys

Ziel der Übung
Ihr Hund lernt, in einem Waldstück ein Dummy zu suchen und zu apportieren.

Übungsanleitung

Schritt 1: Lassen Sie Ihren Hund auf dem Weg sitzen und legen Sie zahlreiche Futterstücke am Wegesrand aus. Stellen Sie sich wie zum Apport neben den Hund und schicken Sie ihn in die Suche, indem Sie mit der rechten Hand vor ihm über den Boden „wischen" und ihm leise das Hörzeichen „Such" geben. Dies ist natürlich zu Beginn noch keine Suche, schließlich hat Ihr Hund ja gesehen, was Sie getan haben.

Schritt 2: Nutzen Sie den Moment, in dem Ihr Hund schnüffelt und Futter findet, um ein Signal aufzubauen. Am leichtesten geht dies mit einer Pfeife. Kurz bevor der Hund Futter findet, ertönt ein Signalpfiff, den Sie ab jetzt ausschließlich für die Suche verwenden. Mein Signal besteht aus drei Folgen von zwei Tönen, was in etwa so klingt: Tü – Tüüüüüüüü, Tü – Tüüüüüüüü, Tü – Tüüüüüüüü. Ihr Hund lernt: Wann immer dieses Signal ertönt, lohnt es sich, die Nase einzusetzen und zu suchen.

Schritt 3: Nach ein paar Wiederholungen an verschiedenen Stellen wechseln Sie vom Futter zum Dummy. Ihr Hund schaut auch hierbei erst einmal zu, wie Sie mit dem Dummy auf eine Wiese gehen und es dort im Gras auslegen. Fünf bis zehn Meter Abstand zum Weg reichen aus. Stellen Sie sich wieder neben Ihren Hund und schicken Sie ihn mit dem neuen Such-Signal los. Sobald er in der Nähe des Dummys angekommen ist und die Nase einsetzt, ertönt der Such-Pfiff.

Schritt 4: Sie legen mehrere Dummys im Wald aus. Der Hund sieht zwar, wie Sie die Dummys in den Wald tragen, die genauen Ablageorte kann er nicht mehr sehen. Seine Suche wird jetzt aufwändiger. Zudem müssen Sie genau beobachten, ob er mit seinen Gedanken noch bei den Dummys ist oder ob eine Wildspur sein Interesse geweckt hat. Sollten Sie letzteres vermuten, nehmen Sie ihn sofort zu sich zurück. Gehen Sie die Verstecke dann selbst noch einmal ab und schicken Sie den Hund erneut auf die Suche.

Schritt 5: Am Schluss schaut er nicht mehr zu, wenn die Dummys ausgelegt werden. Ein Helfer sollte dies tun. Schicken Sie Ihren Hund nun mit dem immer wieder trainierten „Such"-Kommando los. Er läuft vor und setzt beim Pfiff die Nase ein und sucht. Bingo! Sie erleben gerade, wie eine Handlungskette, die mal aus vielen kleinen Einzelelementen bestand, zu einem Ganzen verschmilzt. Das Kommando für die Suche ist zu einer Orientierungshilfe geworden, die dem Hund von der ersten Sekunde der Suche zeigt, worum es geht. Und: Das Signal selbst verspricht dem Hund, dass sich die Suche für ihn lohnen wird. Lassen Sie ihn niemals ins Leere laufen, indem Sie die Aufgabe zu schwer gestalten.

Wichtig
Kommandos sind weniger Befehle, mit denen Sie Ihren Hund kontrollieren, sondern viel mehr Orientierungshilfen, die ihm eine Richtung vorgeben.

Ausblick

Wie es weitergeht ...

Sie haben die drei Bereiche des Leitwolf-Trainings (Führung, Spiel und Teamwork) kennen gelernt. Sie können sich nun etwas unter sprachfreier Kommunikation vorstellen, haben einen Einblick bekommen in die Besonderheiten des Spiels mit Hunden und wissen nun, warum ein Kommando die Führung nicht ersetzt.

Wir Menschen neigen dazu, immer das haben zu wollen, was wir gerade nicht bekommen. Und gleichzeitig lehnen wir das ab, was wir haben. Wir haben verlernt, die Dinge so wertzuschätzen, wie sie jetzt sind. Stattdessen denken wir die meiste Zeit darüber nach, was besser sein sollte oder könnte. Mit unseren Hunden verfahren wir meist ganz ähnlich: Wir erwarten Gehorsam, Gelassenheit und Aufmerksamkeit. Sind Sie jederzeit gehorsam, ausgeglichen im Kontakt mit anderen Menschen und immer aufmerksam gegenüber anderen?

Bevor Sie sich also fragen, wie Sie das alles in die Praxis umsetzen: ganz langsam. Schauen Sie einen Moment ruhig auf das, was sich während des Lesens in Ihnen bewegt hat. Vielleicht sind Sie schon einen Schritt weiter und haben es noch nicht bemerkt.

> Erkennen Sie die Zusammenhänge aus den Kapiteln bei Ihrem Hund wieder?
> Entdecken Sie die drei Bereiche in Ihrem Alltag mit dem Hund?
> Konnten Sie einzelne praktische Elemente anwenden, und haben Sie eine Reaktion bei Ihrem Hund bemerkt?
> Können Sie sich manche Ihrer Fragen jetzt selber beantworten?
> Haben Sie eine Idee, wo Sie für sich und Ihren Hund anfangen könnten?

Bewusstsein

Ein großer Schritt im Training ist schon damit getan, dass Ihnen bewusst wird, worum es eigentlich geht. In dem Moment, in dem Sie ein „Problem" erklären können und ihm Verständnis entgegen bringen, ist der größte Teil des Lösungsweges schon zurückgelegt. Von hier an ist es nur noch eine Frage des „Wie tue ich es?", nicht mehr des „Was soll ich bloß tun?"

Viele Probleme im Alltag mit Hunden entstehen nur durch Missverständnisse. Sobald Sie Ihren Hund ein klein wenig besser verstehen, wird auch er Ihre Signale besser verstehen. Und dann sprechen wir nicht mehr von Erziehung oder Gehorsam, sondern von Kommunikation und lebendiger Beziehung.

Perspektivenwechsel

Was auch immer Sie mit den Anregungen, Ideen und Erkenntnissen anfangen – Sie werden Ihren Hund mit anderen Augen sehen. Und möglicherweise auch sich selbst. Hätten Sie gedacht, dass Ihrem Hund Ihre bloße Anwesenheit wichtiger ist als jede Form von Beschäftigung oder Belohnung für das Ausführen eines Kommandos? Kein Futter der Welt kann Ihre Präsenz in der Führung ersetzen. Geben Sie sich die Bedeutung, die Ihr Hund Ihnen schon lange geben wollte. Und nichts lässt sich im Spiel so leicht als Motivator verwenden wie Futter. Nutzen Sie Futter im Spiel und in der Arbeit, werden Sie sich aber gleichzeitig der Grenzen bewusst.

Freude

Zu guter Letzt möchte ich Ihnen eine Antwort auf die Frage „Wie geht es nun weiter?" nicht vorenthalten: Packen Sie sich etwas Futter in die Tasche, nehmen Sie ein Spielzeug mit, schnappen Sie sich Ihren Hund oder Ihre Hunde und gehen Sie hinaus, um mit ihnen zu spielen, zu wandern, zu raufen oder arbeiten Sie mit ihnen. Was auch immer Sie tun – tun Sie es mit Freude am Tun und stellen Sie das Ziel (falls Sie eines haben) eine Weile zurück. Hunde haben uns so viel über uns zu erzählen – sind Sie bereit, zuzuhören?

Service

Die Bedeutung unserer Haltung

Während meiner Arbeit mit Hunden und Menschen wurde mir bald die Bedeutung unserer menschlichen Haltung klar. Damit meine ich auch meine eigene innere Haltung als Trainer.

Heute lebe ich in der tiefen Überzeugung, dass eine Veränderung in einer Beziehung immer nur von mir selbst ausgehen kann, niemals vom Gegenüber. Und das gilt auch für die Mensch-Hund-Beziehung. Wenn Sie sich durch ein Verhalten Ihres Hundes beeinträchtigt fühlen, dann hat das direkt mit Ihrem eigenen Verhalten zu tun. Verändern Sie sich, und Sie verändern die Beziehung und damit das Verhalten des anderen.

Zum Weiterlesen

Auf dem Weg zu dieser Erkenntnis haben mich verschiedene Bücher beeinflusst und inspiriert. Da der Hund in keinem dieser Bücher ausdrücklich erwähnt wird, liegt es an Ihnen, sie immer auch mit einem gedanklichen Bezug zu sich und Ihrem Hund zu lesen. Ich wünsche Ihnen viel Freude und tiefe Erkenntnisse auf Ihrem Weg – mit und auch ohne Ihren Hund. Die Liste ist sehr kurz und damit unvollständig. Mehr Bücher und Autoren zu nennen, hätte schlicht den Rahmen gesprengt.

> Chopra, Deepak: Das Buch der Geheimnisse. München, 2008

In diesem Buch werden alle wichtigen Themen der Persönlichkeitsentwicklung angesprochen. Für mich einer der schönsten und auch tiefsinnigsten Einstiege in eine Veränderung des eigenen Bewusstseins.

> Sheldrake, Rupert: Das schöpferische Universum. Berlin, 2009

Wenn Sie wissen möchten, wie Kommunikation – außer mit Sprache – noch ablaufen kann, dann kommen Sie an Sheldrake nicht vorbei.

> Bauer, Joachim: Warum ich fühle, was Du fühlst. München, 2006

Wir kommunizieren intuitiv und können gar nicht anders. Der Grund sind sogenannte Spiegelneurone, die in frühester Kindheit ausgebildet und gefüttert werden. Die in ihnen gespeicherten Erfahrungen bestimmen für den Rest unseres Lebens unsere Kommunikation mit uns selbst und anderen.

> Fischer, Theo: Wu Wie – Die Lebenskunst des Tao. Reinbek, 2009

Mit dem kleinen Büchlein von Theo Fischer bekommen Sie einen wunderbaren Einblick in die Denkweise und Weltanschauung des Taoismus, ohne gleich den Bezug zu Ihrem westlichen Alltag aufgeben zu müssen.

> Goleman, Daniel: EQ – Emotionale Intelligenz. München, 2008

Wenn Sie der Meinung sind, dass Intelligenz nur im Kopf stattfindet, dann sollten Sie sich von Daniel Goleman in die Welt der Emotionen entführen lassen.

Dank

Mein größter Dank gilt all den Menschen, die in den letzten Jahren meine Workshops und Vorträge besucht haben und mir in zahlreichen Trainings vertraut haben. Ebenso großer Dank geht an die Hunde, die meine Fehler und Schwächen in Kauf genommen haben und mir so viel über sich, die Welt und über mich selbst gelehrt haben. Allen voran meine Hündin Fanni, die das jeden Tag tut.

Großer Dank geht an meine Lektorin Dr. Marion Steinbach, die unermüdlich Anregungen, Ideen und Korrekturen geliefert hat. Die Zusammenarbeit war eine große Bereicherung für mich!

Ein ganz besonderes Dankeschön geht an die Teilnehmer und Teilnehmerinnen meiner Trainerausbildung. Ihr habt dieses Buch erst möglich gemacht. Dank Euch darf ich mich weiter entwickeln und mich jeden Tag mit den schönsten Dingen dieser Welt beschäftigen.

Praktisches Training

Seit August 2008 bilde ich Hundetrainer in meiner Trainingsphilosophie aus. Diese sind meinem Trainernetzwerk angeschlossen und verwenden das Leitwolf-Logo. Adressen finden Sie auf www.leitwolf-training.de oder www.naturhund.de.

Sollten Sie Fragen an oder Anregungen für mich haben, besuchen Sie doch mein Blog zum Buch:
www.leitwolf-hundetraining.de.

Bildquellen
Alle Fotos bis auf die folgenden stammen von Fotonina (www.fotonina.info): Malin Kundi Seite 8, 16/17, 32/33, 38, 96.

Impressum
Die in diesem Buch enthaltenen Empfehlungen und Angaben sind vom Autor mit größter Sorgfalt zusammengestellt und geprüft worden. Eine Garantie für die Richtigkeit der Angaben kann jedoch nicht gegeben werden. Autor und Verlag übernehmen keinerlei Haftung für Schäden und Unfälle. Der Leser sollte bei der Anwendung der in diesem Buch enthaltenen Empfehlungen sein persönliches Urteilsvermögen einsetzen.

Hinweis: Der Verlag Eugen Ulmer ist nicht verantwortlich für die Inhalte der im Buch genannten Websites.

Bibliografische Information der Deutsche Nationalbibliothek
Die Deutsche Nationalbibliothek verzeichnet diese Publikation in der Deutschen Nationalbibliografie; detaillierte bibliografische Daten sind im Internet über http://dnb.d-nb.de abrufbar.

Das Werk einschließlich aller seiner Teile ist urheberrechtlich geschützt. Jede Verwertung außerhalb der engen Grenzen des Urheberrechtsgesetzes ist ohne Zustimmung des Verlages unzulässig und strafbar. Das gilt insbesondere für Vervielfältigungen, Übersetzungen, Mikroverfilmungen und die Einspeicherung und Verarbeitung in elektronischen Systemen.

© 2012 Eugen Ulmer KG
Wollgrasweg 41, 70599 Stuttgart (Hohenheim)
E-Mail: info@ulmer.de
Internet: www.ulmer.de

Redaktionelle Bearbeitung:
Dr. Marion Steinbach
(www.steinbach-pr.de)
Lektorat: Dr. Marion Steinbach, Kathrin Gutmann
Herstellung: Ulla Stammel
Titelbild: Fotonina (www.fotonina.info)
Umschlagentwurf, Innenlayout und Satz: Atelier Reichert, Stuttgart
Druck und Bindung: Westermann Druck Zwickau GmbH, Zwickau
Printed in Germany

ISBN 978-3-8001-7753-0